長谷川浩一
Koichi Hasegawa

線虫

1ミリの生命ドラマ

dZERO

まえがき

「カロリンスカ研究所ノーベル委員会は、今年のノーベル生理学・医学賞受賞者を決定しました……」

一〇月上旬の日本時間午後六時ごろに行われる事務局長からの発表を、卒業研究に取り組み始めた大学生のころから毎年ライブで見るようになりました。

「これ（学生の研究テーマ）が解明されたらノーベル賞だ」「みんなと一緒にノーベル賞をとろう」「賞金をもらったら何を買おうか」「松阪牛か飛騨《ひだ》牛か、どっちがいい？」。学生のときは研究室の仲間たちと、教員になってからは学生たちと、このような会話をよくします。みんなと一緒に宝くじ売り場へでも行くような感じにも聞こえますが、線虫を研究する科学者や学生の多くがそうであるように、ノーベル賞を何だか身近な存在に感じるのでしょう。

「地球上に生息するどの生物よりも大きなインパクトがあり、どこにでもいて、そして果てしない可能性を秘めている……」

線虫にかかわる仕事に従事するひとたちは皆、そう確信していることでしょう。大学の研究室に行くと、学部・大学院生活の（ほぼ）すべてのエネルギーを線虫研究に注いでいる学生がたくさんいます。

一方で、線虫にかかわることなく日々生活する多くのひとたちにとっては、そもそも線虫を目にすることさえもありません。実は私たちが生活する環境のあらゆるところで、線虫は生活しています。ほかの生物が生活できそうにない過酷な環境にも、そしてほかの生物の体中までもが、線虫の生活環境です。地球上のあらゆるところで線虫は生活していて、数も多く、多様性の代表である昆虫以上に種類が豊富だとも言われています。

そのほとんどが私たちに悪さをすることはありませんし、小さいのでそのまま見て「そこにいる」と確認できません。私たちは線虫に囲まれた世界の中で、線虫の存在を気にすることなく、日々の生活を送っているのです。

もしかすると、線虫のことを多少知っているひとの中には、「気持ち悪い寄生虫」という印象をもつ場合もあるかもしれません。確かに気持ち悪いかもしれませんし、「なぜこんなところにいるのか！」というようなところから線虫がにょろにょろと出てきたりもします。例えば、とある科学部の高校生は、ゴキブリの体からにょろにょろと出てきた線虫に遭遇しました（このエピソードは第一章で紹介します）。

そもそも、寄生や共生《きょうせい》とは生物同士のどういった関係なのか。本書では「ヒト」「動物」「昆虫」「植物」そして「微生物」まで、線虫とさまざまな生物との間で見られる寄生、共生、そして病原性について、具体的な例を挙げながら紹介します。

実物はやはり気持ち悪いかもしれませんが、そのしたたかさ、スマートさ、はかなさ、必死さを、本書を通して知ってもらいたいと思います。ゴキブリの体から出てくるにょろにょろは、必死に生きて、必死に子孫を残そうとしている姿なのです。

ヒトや動物、植物の体内に入って悪さをする線虫もいますが、「共生パートナー」という側面もあります。悪さをする「病原体」ではない場合があるということも本書で伝えたいと思います。

線虫に関するすばらしい研究成果は、非常に多くの科学論文として発表されています。農業、林業、水産業、畜産業、そして医学・薬学も含めた各分野の専門書の中では、とりわけ病理に関する項目で、線虫被害やその対策が詳しく紹介されています。各専門を勉強しはじめると、さまざまな分野で線虫が登場します。そこで本格的に線虫を知ることになり、各分野で線虫を扱う「線虫屋さん」が誕生するのです。

随分と奥深くまで潜《もぐ》らなければ、線虫の入り口にさえたどり着くことができないのが現状で、一般のひとたちに線虫の面白さ、重要さに気づいてもらえる機会はほぼありません。カエルや節足《せっそく》動物を解剖して、あるいは土壌《どじょう》中からベールマン法により、線虫を取り出して観察する生物実習は、中学生・高校生たちの多くが夢中になります。高校科学部の活動中に偶然発見したにょろにょろ生物が、いったい何なのかといった問い合わせは少なくありません。なぜそんなところで生活しているのか、生物の中からにょろにょろとした生き物が唐突に出てくるのを目の当たりにすれば、だれもが衝撃を受けることでしょう。

一般のひとたちにも線虫の面白さと重要さを知ってもらいたいと、本書はその入り口になればと期待して執筆しました。そもそも線虫とは何かという説明から始まり、寄生虫好きのひとにも満足してもらえるよう、その魅力（気持ち悪さ）も存分に紹介したいと思います。人類が克服しなければならない線虫問題が多く残されていることも、認識してもらいたいと思います。また、人類の科学技術の発展を加速させる役割を担ってきたことも知ってもらいたいと思います。自分もノーベル賞を狙《ねら》えるかもしれない、お金持ちにだってなれるかもしれない、賞金で何を買おうか、本書を読んでいるうちに、うちの研究室の学生たちと同じような思いが湧《わ》いてくるかもしれません。

本書の大体はさらさらと読めるように執筆しましたが、ちょっと理解を深めたいひとのため、紙にメモをしながら少し頭をひねって考えなければならない箇所もあるかもしれません。ネットで検索して確かめながら、教科書を照らし合わせながら、生物学の基礎知識と重ねながら読み進めると、線虫の魅力に加えて生物学の面白さがまたいっそう大きくなるはずです。線虫を通して生物学もしっかり学べるのです。

幅広く線虫についてカバーしているので、自分の興味がもてない箇所があればどうぞ読み飛ばして、興味のあるところから読んでください。線虫のことをもっと知りたいと思ったら、私の研究室をはじめ、全国各地の線虫屋さんを検索してお問い合わせください。

目次

第二章 顕微鏡で見る生命ドラマ

第三章 どの生物グループに属するか

第四章　「生物の基本原理」に迫る

第五章 多様な性と生殖

第六章 進化をもたらした共生と競争

第七章 ヒトを宿主にした驚くべき感染サイクル

第八章

農作物の輸出入で問題となるリスク

第九章

線虫は感じている

線虫　1ミリの生命ドラマ

序章

「気持ち悪さ」を超える魅力

「気持ち悪い」と言って目を輝かせ

大きさ一ミリのにょろにょろとした生き物が、「地球上のあらゆるところ」にたくさん生息している様子を想像してみましょう。

まずは近所の公園を散歩しながら、周りの景色を眺めてみてください。ビルと道路に囲まれた都市にありながらも、思いのほか豊かな木々のおかげで存分に季節の移ろいを感じられます。時節ごとに異なる花が咲き、そこには虫たちも訪れます。池には魚が泳ぎ、空には鳥も飛んでいます。木陰のある芝生に座り込んで語りあう大学生カップル、虫や魚を捕《と》らえて得意げに両親に自慢する子供たち、都会の小さな青空を集団で飛ぶムクドリを眺めながらベンチで一息入れる仕事中のおじさん……日常の一コマです。

そしてその目にしている日常の一コマの中に、大きさ一ミリのにょろにょろとしたその生き物が、いたるところにたくさん生活しているのです。植え込みの土壌《どじょう》、芝生の土の中、さらにはそこに生える木々や草花の中、さらにさらにそこを訪れる動物たちの体内あるいは体表面。子供たちが家で飼育しようとケース内に捕らえた虫や魚、それらすべての体の中も、そのにょろにょろとした生き物が生活する場所です。公園の散歩から帰ってくると、駐車場の隅でいつもの猫がひなたぼっこをしています。玄関を開けると、愛犬がうれしそうに尻尾《しっぽ》を振り回して出迎えてくれました。犬も猫も、さらには私たち自身も含めたすべての動物体内も、そのにょろにょろとした生き物が生息する場所に含まれます。だんだんと気持ち悪くなってきて、これ以上想像したくないでしょうか……。

そのにょろにょろは「センチュウ」という生き物で、「線虫」と書きます。大げさではなく、いま挙げた場所を含め「地球上のあらゆるところ」が線虫の生息場所です。

名前くらいは聞いたことがあるかもしれませんが、ほとんどのひとがその実態をよく知らないと思われます。地球上のあらゆるところに生活していて、種類も数も膨大です。良いことも悪いことも含め、私たちの現代生活にとても大きなインパクトを与えている生物なのですが、直接かかわる当事者にならない限り、線虫の存在に気づき、線虫のことで喜んだり思い悩んだりすることはありません。知らないところで線虫が原因で起こる数々の問題を解決してくれているひとたちがいて、そのひとたちのおかげで私たちは線虫の存在に気づくことなく快適な現代生活を送ることができています。

その奇異な見た目や生態から、気持ち悪いと思うひとがほとんどでしょう。生物学を専門に学ぶ学部生であっても、研究室にやってきて実物を最初に見たときの反応は、「気持ち悪い」と言って遠くへ逃げていってしまうひと、「気持ち悪い」と言って目を輝かせてのめりこんでいってしまうひと、と真っ二つです。

「寄生」という生き方

学問としては線虫学（ネマトロジー）という分野があり、「日本線虫学会」「アメリカ線虫学会」「イタリア線虫学会」「中国植物線虫学会」「インド線虫学会」など世界中に線虫学会があり、さらにそれらをまとめた国際線虫学会連盟もあります。線虫学科を擁する大学も世界を見れば思った以上にたくさんあります。

歴史的に線虫学が対象とする線虫は、主に農学系の農業病害線虫になります。ヒトやその他脊椎《せきつい》動物に寄生する線虫は、主に寄生虫学としてくくられる学問領域で扱われていますし、エレガンスと呼ばれる特殊な線虫がいて、基礎生物学のさまざまな領域で研究されています。それぞれ異なる分野の研究者であっても、線虫を扱っているもの同士で交流や共同研究が容易に進められますし、広く深く楽しく研究を進めていけるのも線虫学ならではの特徴でしょう。

線虫に関連する研究を既存の学問領域に分ける必要もなく、また分類するにはあまりにも広くて多様で面白いので、あらゆる領域を飲み込んですべて線虫学とすればよいだろうと私は考えています。

イネやジャガイモ、マツの木など農林作物に寄生する線虫もいれば、ヒトに寄生する線虫、家畜・魚類といった産業上重要な動物などに寄生する線虫もいます。それらは寄生した相手を病気にさせ、死に至らしめることもあり、そして社会的・経済的に大問題を引き起こしてしまう場合もあります。日本を含め、あらゆる場面で高い衛生環境レベルが要求される先進国では、そこに従事する方々の努力のおかげで我々のような一般のひとたちが線虫で健康を脅《おびや》かされることはほとんどありません。しかし熱帯地域の貧しい国々では、コロナウイルスによる世界的蔓延《まんえん》で苦しむ今でも、日常的に線虫問題が継続して起こっていることを忘れがちです。

農作物に大打撃を与えてしまう植物病害線虫は、一度農地に侵入してしまうとそこから完全に除去することが困難です。汚染地域からの病原体侵入を食い止める水際対策が何よりも重要ですが、ヒトやモノが世界中を行き交うなか、気をつけていてもどうしても入ってきてしまいます。今のところ日本では、線虫の被害によって作物が収穫できず、しばらく食べるものがありませんといった深刻な状況を経験していませんが、世界的パンデミックや国際紛争による物流の大打撃から、物資の安定供給も少しほころび始めています。日々の食を守るため、線虫害を食い止める努力や、国民のニーズに応えるための物流の確保など、どれだけ大変なのか我々はあまり知らないのかもしれません。

線虫を表面的に見聞きするだけでは「気持ちの悪い寄生虫だ」という印象のまま終わっ

てしまいがちでしょう。ところが、「寄生」という生き方を生物学的にじっくり見てみると、大変奥深いものがあります。寄生虫は宿主《しゅくしゅ》に依存した生き方であり、ときに生態や分類群を異にする二種類以上の宿主体内を経由しなければ自身のライフサイクルを回すことができず、子孫を残すことができません。自分たちの子孫を繁栄させるうえで、このような寄生性生活が有利となる点があるからなのでしょう。

どういったきっかけでかくも奇妙な寄生性生活を送ることになったのか、もちろん仮説になってしまいますが（タイムマシーンで過去に行って確認できませんし）、「寄生性進化」のプロセスについてもみなさんと考えていきたいと思います。寄生は共生の一部であることも知ってもらいたいと思いますし、生物同士のバランスがとれた生活であることが多く、そのバランスが崩れたことがきっかけで農業・畜産業・そして医学上の病原体となってしまうパターンがよくあります。

一方で、動物や植物たちと一緒に平和的に「共生《きょうせい》」する線虫もたくさんいます。水中では池や川や海にも（主にその土や泥の中）、陸上では森や林や町の植え込みの土壌にも、寄生性をもたない線虫がどこにでも、そしてたくさんいるのです。あらゆる動植物は線虫と何らかの関係、寄生・共生関係が見られると言ってもいいくらいです。驚くほど多様な生態、まさに地球上のどこにでもいるのが線虫です。

また、生物学者たちは、このように多種多様な線虫の中から培養《ばいよう》や観察が容易な種を選び「モデル実験生物」としました。一細胞からなる受精卵が細胞分裂により数を増やし、いったいどうやって複雑な構造をもった生物個体が形成されるのか。そして出来上がった個体は、いかにして環境の状況を把握し、それに応じた行動を制御しているのか。生命の根本原理に迫る研究テーマであり、その答えは我々ヒトも含めてすべての生物に当てはまる共通ルールとなります。

線虫の研究から、ヒトの病気であるがんに関する遺伝子メカニズムが解明され、動物の寿命・老化を制御する遺伝子の存在がわかり、学習と記憶に関する神経メカニズムもわかってきました。ヒトの健康維持や病気の原因の根本につながる発見が、線虫を使った研究によって今でも発表され続けているのです。モデル生物としての線虫の特徴を医療に応用し、最近では一滴の尿から多くのがんを早期発見できるN《エヌ》－NOSE《ノーズ》が注目されています［図1］。

寄生・共生・病原性

私は小学生のころより生物学に興味をもっていましたが、昆虫採集に明け暮れていた昆虫少年でもなく、都会暮らしであったため自然に触れ合う機会もほとんどありませんでした。生物の図鑑や参考書の説明に書かれている、生き物の仕組みの解説を読むことが好きだったと記憶しています。「生きている」生き物との接点を強《し》いて言えば、毎年夏休みを過ごした祖父母宅で、手伝いと称して遊ばせてもらった（邪魔《じゃま》をしていた）畑仕事くらいでしょう。また、父親の転勤で家族はしょっちゅう引っ越しをして、関西から鹿児島まで主に西日本のいろいろなところで生活をしました。引っ越し先の異なる地域や文化を、楽しみながら適応する能力を身につけたのかもしれません。

大学生になってから、図鑑を片手に仲間たちと野山を駆《か》け巡《めぐ》り、「生きている」生き物を採集する楽しさを知りました。学部時代の講義できのこの生態を学び、先輩のきのこ調査についていき、面白い形をした色とりどりのきのこに魅了されました。たまらなく強烈な臭《にお》いを発するきのこ（腹菌類《ふっきんるい》）、旨《うま》いが食べ過ぎるとお腹を壊すきのこ（テングタケ）、一本でヒトを死に至らしめるきのこ（ドクツルタケ）、森の中でそういったきのこに出会うだけでわくわくどきどきです。植物や昆虫に寄生するきのこもいれば、植物と共生するきのこもいます。これを「研究材料」に寄生・共生・病原性といった生物間関係の研究がしたいと思い始めました。

大学三年のころ、配属研究室を決める段階で線虫という生物に出会いました。きのこと違い、肉眼ではほとんど見えず、色もなく透明で、にょろにょろで気持ち悪く、見た目だ

◀植物寄生性／病原性

左：マツノザイセンチュウ
右：ネコブセンチュウ

◀動物寄生性

左：チュウブダイガクセンチュウ
右：アニサキス

◀昆虫病原性

左：ヘテロラブディティス
右：シヘンチュウ

◀左：自由生活性

エレガンス

◀右：昆虫便乗性

トコラブディティス

[図1] いろいろな線虫の例。実に多様な生態だが、やはりどれも見た目はにょろにょろ

けではきのこの魅力に完敗です。けれども、地球上のあらゆるところにいて、数および種数ともに膨大で、寄生・共生・病原性といったさまざまな生物との生物間関係が見られ、自由に遺伝子組み換えもできる……。これを「研究材料」にすれば、寄生・共生・病原性といった生物間関係の研究がはかどるだろうと、少々ドライな決断ではありますが、大いに夢を膨らませながら線虫研究をスタートさせました。

学部生時代、最初は一細胞の受精卵から多細胞の線虫個体が出来上がるまでの仕組みについて、線虫を研究材料に発生生物学を学びました。線虫の発生メカニズムを学んだのち、植物寄生性線虫に寄生された植物が線虫の発生を阻止する方法を考え出し、農薬を使わずとも有害線虫を自分でやっつける農作物の開発を目指しました。私の研究結果は実用化にはほど遠いものでしたが、同じ発想の研究が世界中の研究者によって進められ、今ではその技術が応用される農作物が市場に流通しています。

ゴキブリ研究室

大学教員になってからは、動物宿主と寄生性線虫との「共生関係」を調べる目的で、魚、カエル、トカゲ、カミキリ、カブトムシ、糞虫《ふんちゅう》、ヤスデと、身近に採集できるさまざまな動物を片っ端から解剖して調べ始めました。

思いがけない発見を期待するには、研究室に配属する学生たちの興味と熱意のおもむくまま、自分たちの好きな動物を研究対象にさせることです。研究室に集まる学生たちの中には、変わった生き物に興味をもっている場合が多く、うちは線虫の研究室であると説明したにもかかわらず、「オオゲジを何年も飼育している」「ヤスデが美しい」「糞虫がかっこいい」「(カビカビな) 昆虫の死体を拾った」などと言ってやってきます。線虫の研究室イコール変な生き物を研究する研究室という、自分たちの都合の良い解釈をしているのでしょう。

好きだという熱意や好奇心は何よりも力強い推進力となり、そういった学生たちの研究テーマを決めるときはまず熱い思いを語らせ、本物だと判断したらそこから研究をスタートさせます。熱い思いを語りあいエキサイトしたところで、「それではさっそく、この虫を解剖して寄生虫がいるか調べましょう」と誘ってみると、「それは嫌です」と返ってくるのもいつものパターンです。しかし、解剖してお腹からにょろにょろした生き物が出てくるのを目の当たりにすると、大好きな動物を解剖してしまった悲しみはすぐに忘れ、驚きと感動ですっかり線虫の魅力にはまってしまいます。

帰宅前に実験室に寄ると、夜も更《ふ》けているのに学生が頑張って顕微鏡を覗《のぞ》いていることもあります。翌朝、研究室に行けば、その学生は前夜と同じ服装で同じ姿勢のまま顕微鏡を覗いていることもよくあります。来る日も来る日も顕微鏡を覗き、いつしか顕微鏡と一体化してしまうくらい、すっかり線虫に夢中です［図2］。

動物寄生性線虫のうち、ヒトギョウチュウの仲間はおおよそ脊椎、無脊椎問わずすべての動物に寄生しています。あらゆる動物に寄生していて、特に悪い影響を与えることもなく、平和的に共生関係を結ぶ寄生虫の典型です。いったいどうやって地球上のほぼすべての動物に寄生できるほどの大繁栄を遂げたのか、その経緯を知りたくて研究を始めました。この線虫の祖先が大昔、ゴキブリの体の中に入ったことがすべてのきっかけだったのではないかといった仮説が浮かび上がり、それ以来、我が研究室ではゴキブリも飼育しなければならなくなりました。

ゴキブリは培養が容易で研究もよく進みます。国内外でさまざまなゴキブリを採集しては実験室にもち帰り、解剖してその寄生性線虫を調べました。一時期、私の研究室は「ゴキブリ研究室」であるとの印象が強く、女子学生が配属しなくなってしまったこともあります。

地球には四〇〇〇種類以上いると言われているゴキブリの中でも、比較的原始的なオオゴキブリが中部大学の裏山で捕獲できます。オオゴキブリの体内に新種の寄生性線虫がいたので、思いを込めて「チュウブダイガク」と名付けました。当時「ゴキブリ」「寄生虫」

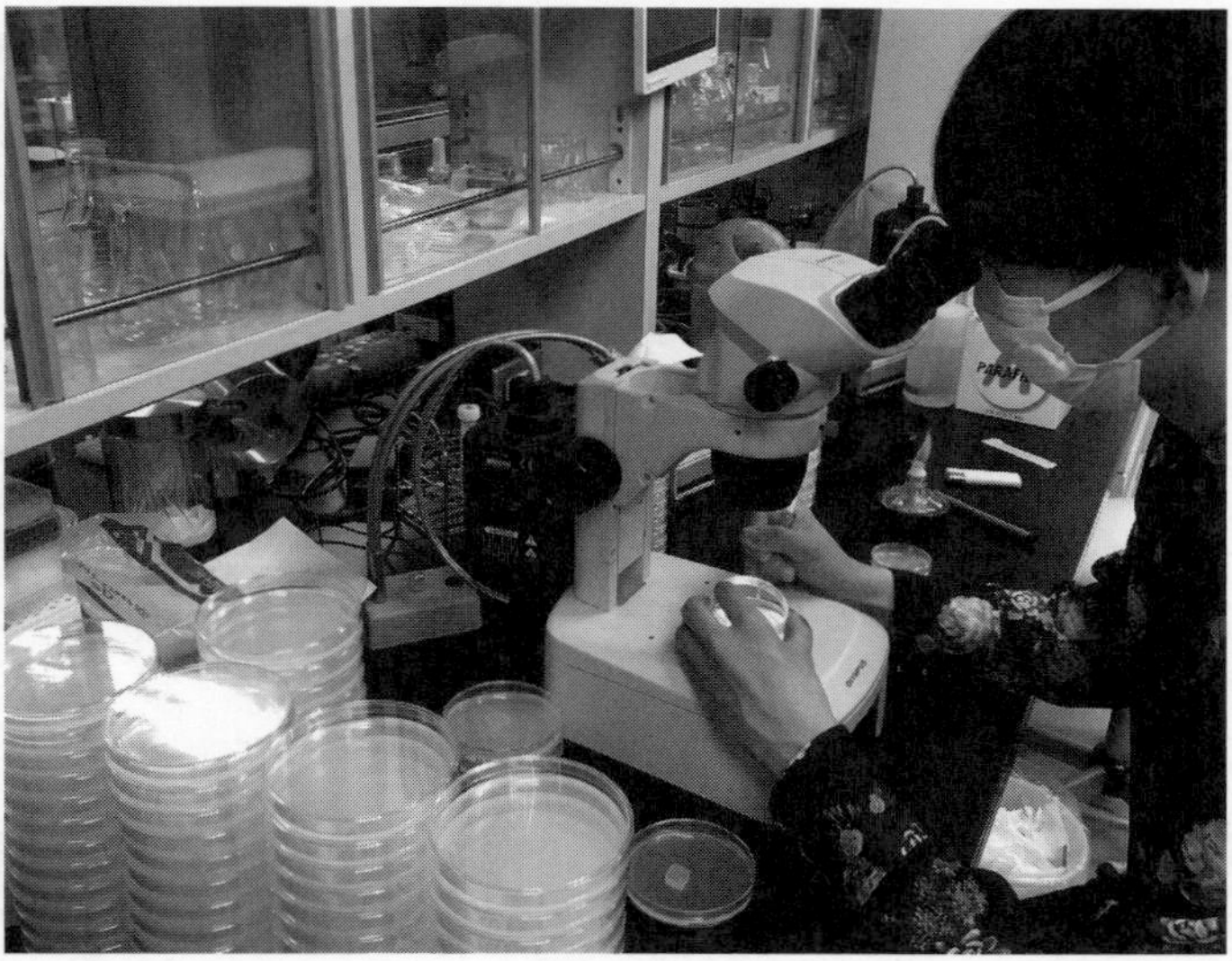

［図 2］研究室の様子。線虫培養シャーレの山を一つずつ実体顕微鏡で確認する学生

「チュウブダイガク」のキーワードでニュースが流れ、線虫を理解する研究者の間ではポジティブな反応であったものの、果たして線虫のことを知らない一般のひとたちにはどう思われてしまったか、だんだん心配になりました。一般のひとたちに、もっと線虫のことを知ってもらわなければと強く思い始めたのもこのころからです。

線虫という生物について、中高生や一般のひとたちにも知ってもらいたいと本書を執筆しました。どちらかというと気持ち悪い寄生虫の代表として線虫が紹介されることがあります。不思議な生態の寄生虫に興味のあるひとにも満足してもらえるよう、その魅力（気持ち悪さ）を存分に紹介していきたいと思います。

生物学の基礎知識と重ねながら線虫の特徴を見ていくと、線虫の魅力に加えて生物学の面白さがまたいっそう大きくなるはずで、世界中の研究者たちがなぜ線虫の研究をするのかを理解していただけると期待しています。現代人が抱える健康問題を解決するためのヒントや、人類が自然と共存しながら持続して発展していくための知恵を、線虫から学ぶことができるはずです。

第一章

地球上のあらゆる環境に適応

生殖様式の謎

国内のとある高校の科学部女子五人組が、オガサワラゴキブリを飼育することにしました。

雌《めす》と雄《おす》とが交尾《こうび》をしなければ子孫を残せないことがわかっている雌雄《しゆう》異体型《いたいがた》オガサワラゴキブリ（学名「ピクノセルス・インディカス」）と、雄と交尾しなくても雌単独で子孫を残すことができると言われる単為生殖型《たんいせいしょくがた》オガサワラゴキブリ（学名「ピクノセルス・スリナメンシス」）は、ともに「オガサワラゴキブリ」という和名で、形もそっくりですが別種です。

名前のとおりオガサワラゴキブリ「ピクノセルス・スリナメンシス」は小笠原諸島《おがさわらしょとう》にも住んでいますが、種名のスリナメンシスのとおり中南米が原産地で、おそらく第二次世界大戦中に米軍の輸送部隊とともに小笠原諸島にやってきたと推測されています。そしてもう片方のオガサワラゴキブリ「ピクノセルス・インディカス」はインドネシアあたりが原産地であろうと考えられていて、二種のオガサワラゴキブリはともに八重山諸島《やえやましょとう》や沖縄本《おきなわほん》島《とう》をはじめとする南西諸島《なんせいしょとう》に、そして九州および本州の一部でも定着していることが確認されています。

今では世界中の熱帯・亜熱帯地域に拡散・定着しているようで、九州南部や沖縄の林《りん》床《しょう》（森林内の地表面）の土を軽く掘れば、あるいは街中でも鉢植《はちう》えの下を覗《のぞ》いてみると、オガサワラゴキブリが高確率で見つけられます。またペットショップでもオガサワラゴキブリが「爬虫類《はちゅうるい》の餌《えさ》」として販売されているので、手軽に手に入れることができ、かつ水と適当な餌（ペットショップで購入できるマウスの餌が最適）で培養《ばいよう》が容易なので、なかなかよい実験材料です。

単為生殖型だと、雌一個体からでも速《すみ》やかに次世代を残すことができるので、生息域《せいそくいき》の拡大に有利であると思われます。今まで同種が生息していなかった新しい場所に、単為生殖型オガサワラゴキブリが一頭だけ侵入したとしても、環境が整っていればそこで子孫を繁栄させることが可能です。

似たような形のゴキブリ間で、なぜ生殖様式を異にするのか、実は生殖様式を使い分けることができる同種ではないだろうか。そもそも雌一頭からでも次世代を残す種は、単為生殖ではなく雌雄同体である可能性もあります。「生物の生殖様式の謎《なぞ》」が知りたくて、女子五人組はオガサワラゴキブリを飼育し始めました。

ゴキブリから出てきた線虫

捕獲したばかりのころは全個体が幼虫でしたが、五人で分担しながら大切に育ててきたおかげですくすくと育ち、夏になると成虫《せいちゅう》になる個体が増えてきました。夏のある日の放課後、いつものようにオガサワラゴキブリの様子を見るために理科室に行ってみると、大切に育てていたゴキブリの一頭がひっくりかえっていて、その傍《かたわ》らに黄色く細長い「にょろにょろ」が絡《から》まっています【図3】。そのゴキブリはまもなく絶命してしまい、そしてほかの個体のお腹からも同じような「にょろにょろ」が次々と出てきます。長さは数十センチ、絡まった紐《ひも》のようですがうごめいています。

まったく想定外の出来事ですから、衝撃と悲しみと気持ちの悪さとで、二度とこのような実験はしたくないと思っても無理はありません。ところがこの五人組はこの「にょろにょろ」がいったい何なのか、おそらく寄生虫ではないかとすぐに予想したものの、なぜゴキブリのお腹の中から出てきたのか、どのような生活を送る生き物なのか、雄と雌が存在するのか、新たな好奇心が湧《わ》き上がってきたようです。顧問の先生から、目黒寄生虫館経由で私に問い合わせがきて、ひととおりの経緯をお話しいただいたのち、そのにょろにょろたちの標本が我が研究室に送られてきました。

これは日常生活ではなかなか出会うことのない珍しい生き物で、節足《せっそく》動物に寄生するシヘンチュウ（糸片虫）と呼ばれる線虫の仲間です。カマキリのお腹から出てくる、黒くて硬いハリガネムシは見たことがあるひとも多くて有名です。夏の終わりごろ、道路わきに

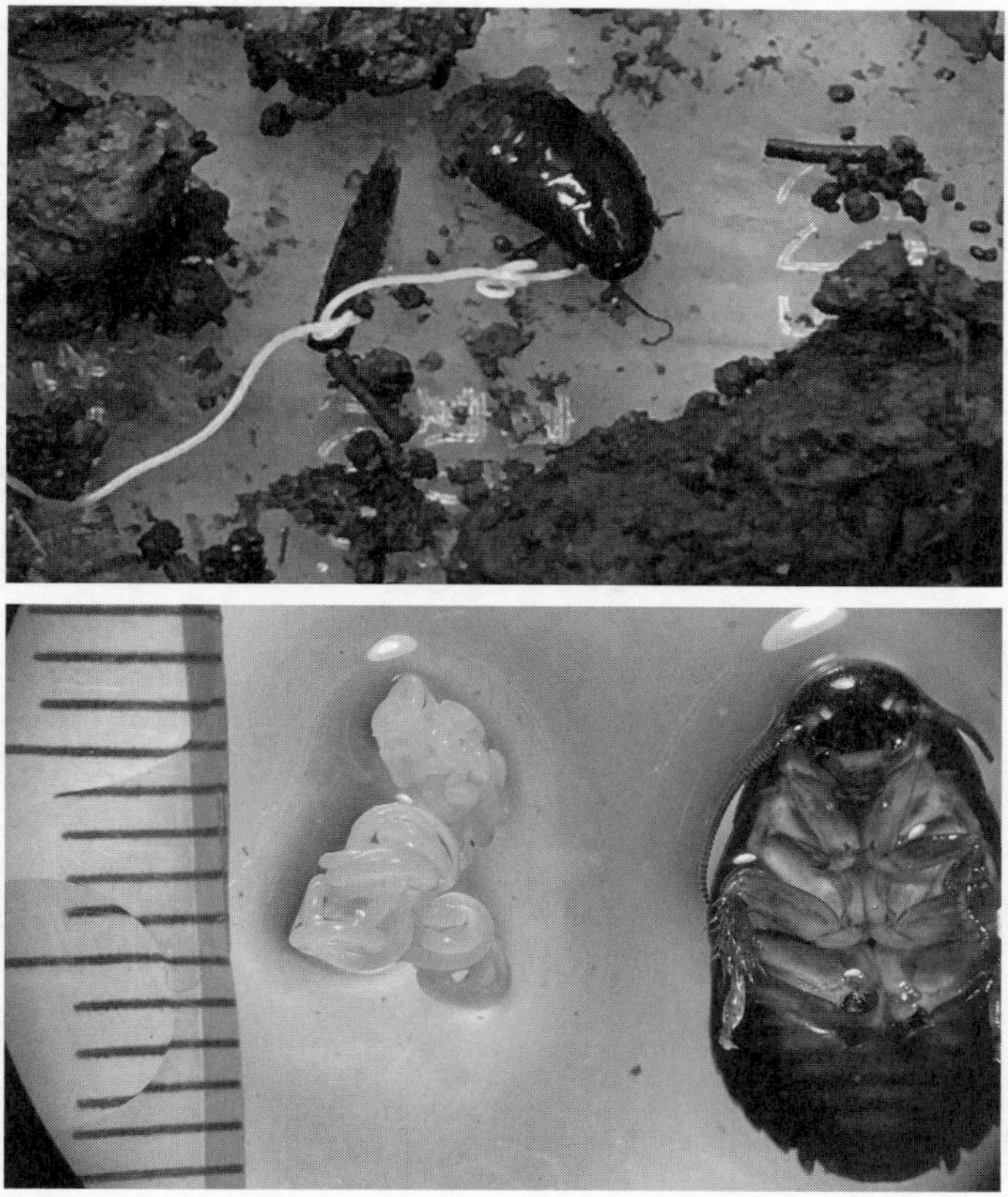

［図 3］ オガサワラゴキブリから出てきたにょろにょろ
写真提供：球陽高等学校・川端俊一教諭

倒れるカマキリの傍らで一緒に干《ひ》からびているハリガネムシをよく目にしますし、今回の状況とよく似ています。しかし線形《せんけい》動物の仲間であるシヘンチュウと、類線形《るいせんけい》動物の仲間であるハリガネムシはまったく異なる生物です。

シヘンチュウ（メルミチーダ目《もく》線虫）は世界中で四科約七百種が記載され、バッタ類、カメムシ類、そして蚊《か》（主に幼虫）などの節足動物に寄生するものが知られています。代表的なシヘンチュウの一種メルミス・ニグレセンスを例に、そのライフサイクルを節足動物の体内から出てきたところから説明します［図4］。

①夏から秋にかけ、一頭ないし数頭のシヘンチュウが節足動物の体腔《たいこう》から表皮を破って出てきます（その後、節足動物は弱って死んでしまいます）。
②出てきたばかりのシヘンチュウはまだ未成熟で、土の中に潜《もぐ》って越冬《えっとう》します。
③摂食《せっしょく》することなく土の中で脱皮《だっぴ》して成虫《せいちゅう》となり、成熟した雄と雌が交尾します。
④交尾が完了した雌《めす》成虫《せいちゅう》はもう一シーズン土の中で越冬します。
⑤翌年の春から夏にかけて雌成虫が土の中から出てきて、植物に上って葉っぱの上に産卵します。
⑥何らかのきっかけで節足動物が（食葉性《しょくようせい》昆虫の場合は葉を食べるときに）シヘンチュウの卵

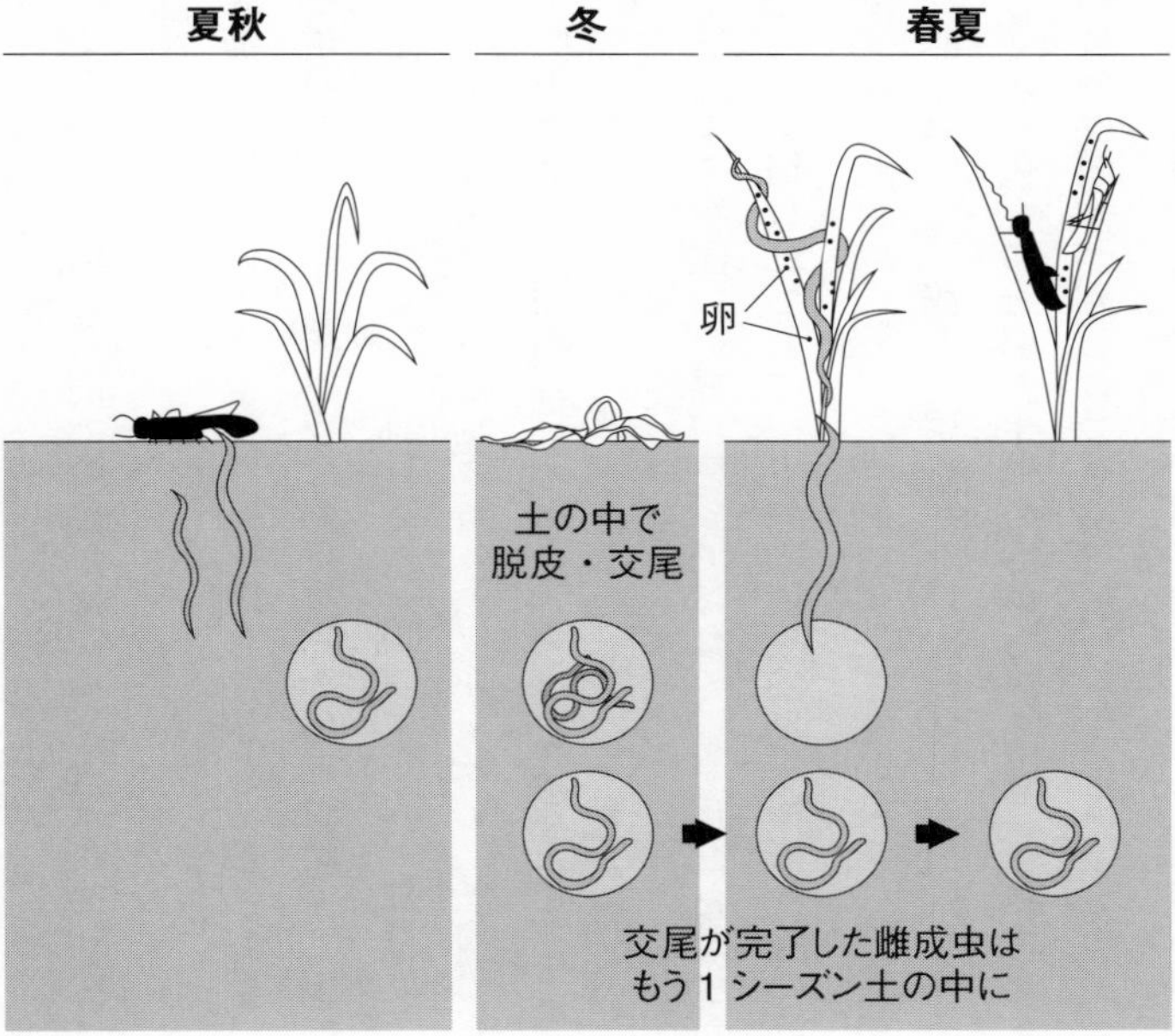

[図 4] シヘンチュウのライフサイクル。宿主体内に侵入して栄養と住処を得て、脱出する際には宿主を殺してしまう。宿主に完全に依存していて、季節に応じた行動をしなければ自身のライフサイクルを回すことができない

を口にします。
⑦節足動物の消化管内で孵化《ふか》したシヘンチュウの幼虫は、消化管を破って体腔へと移動します。
⑧節足動物の体腔内で栄養を摂取しながら、数か月かけて急激に成長します。
⑨成長したシヘンチュウは節足動物の体腔《たいこう》を破って出てきます（①に戻る）。

メルミス・ニグレセンスのライフサイクル（世代がまわる期間）は二年もかかりますが、土の中での成熟期間がもう少し長くてライフサイクルが三年以上になる種《しゅ》もいたりします。

卵による宿主《しゅくしゅ》への経口《けいこう》感染ではなく、孵化した幼虫が節足動物の体表から侵入・感染するものも知られていて、生息環境や節足動物の生態に応じたさまざまなシヘンチュウ種がいるようです。

雌雄異体で、雄と交尾をしなければ雌は次世代を産めない種もいて、交尾をせずに雌だけで次世代を産む単為生殖のものもいると言われていますが、これは精子と卵子を同時に作る雌雄同体かもしれません。

シヘンチュウはライフサイクルが長いので研究が思うように進められず、まだまだ謎の多い生物です。なお、雌雄同体、雌雄異体、単為生殖については、線虫の遺伝と生殖の章（第五章）でじっくり紹介しましょう。

農業や環境衛生への応用

一般的に寄生虫と呼ばれる生物は、自分よりも大きな生物体内に侵入し、そこで栄養と住処《すみか》を得て生活しています。その相手となる生物を宿主、英語ではホスト（host）と言います。シヘンチュウの場合、宿主である節足動物を殺してしまうので、節足動物にとってはたまったものではありません。シヘンチュウのように宿主を殺して栄養を奪いながら生活する生き物は病原体といったほうがよく、「寄生生物」は過激に宿主を殺すことはありません。したがってシヘンチュウのような生態を有する線虫を「昆虫病原性線虫《こんちゅうびょうげんせいせんちゅう》」と呼びます。

寄生性と病原性、この二つは何となく同じようなものに思われますが、さまざまな線虫について紹介していきながらこれらの違いについて考えてみたいと思います。いずれにせよ、宿主にとっては自己ではない「異物」が体の中に入ってくるので、免疫《めんえき》応答などの防衛機構を駆使して排除するはずですが、シヘンチュウは宿主の防衛機構をかいくぐって体内に居ついてしまうのです。

さらに、寄生性あるいは病原性線虫は、いつでもどの宿主体内に侵入して寄生できるというわけではありません。ある線虫種は寄生可能な宿主範囲が広かったり、また別の線虫は特定の宿主一種だけにしか寄生できない場合があったりと、寄生性線虫ごとに宿主特異性が違ってきます。この特性をうまく活用し、農業害虫あるいは衛生害虫といったヒトに有害な生物だけを殺虫してくれるシヘンチュウを発見すれば、環境や人体への悪影響が懸念される化学殺虫剤に替わる害虫駆除《くじょ》法を提案できそうです。

害虫を食べてくれる天敵昆虫や、感染して殺虫する微生物など、生物の力を活用して有害生物を駆除する「生物農薬」の開発が進められてきていますが、いくつかの線虫種も生物農薬として市販されています。メルミス・ニグレセンスは、農業害虫のイナゴをターゲットとする生物農薬です。ほかにも、マラリアやデング熱といった感染症を媒介する蚊の幼虫をターゲットとするレーシメルミス・ニルセニィ、イネの害虫であるウンカをターゲットとするアガメルミス・ウンカなどが挙げられます。

「敵の敵は味方」、農業や環境衛生の現場において応用の可能性をもつ生物なのです。

シヘンチュウの新種、大発見

話をまたオガサワラゴキブリから出てきたシヘンチュウに戻しましょう。

我が研究室に送られてきたシヘンチュウからＤＮＡ（デオキシリボ核酸）を抽出《ちゅうしゅつ》し、いくつかの遺伝子マーカー配列を読んだのちアメリカ国立生物工学情報センターの提供する遺伝子配列データベースにて照合したところ、シヘンチュウの仲間であることは確かであるものの、配列が一致する種がなかったことから新種ではないかと思われました。さらに文献を探してみても、ゴキブリから分離されたシヘンチュウの記録はありません。

線虫のように骨格のない生物は化石記録が残りにくく、琥珀《こはく》内に閉じ込められているものがごくたまに発見されるくらいです。琥珀とは大昔の樹木から分泌された樹脂が固まったのち、長い年月を経て化石化したものです。宝石としての価値があるばかりか、虫などが封入されてできた「虫入り琥珀」は古生物学にとって大変貴重な資料となります。

推定二五〇〇万年前のドミニカ共和国産の琥珀に閉じ込められたゴキブリのおしりから糸のようなものが出ていて、これはおそらく「ホースヘアワーム」つまりハリガネムシであろうという論文は見つかりました。論文の著者はジョージ・ポイナージュニアで、琥珀に閉じ込められた蚊のお腹の血液から恐竜のＤＮＡを取り出し、恐竜を現代によみがえらせようというジュラシック・パークの元ネタを提供した線虫・昆虫学者です。

琥珀や化石としてゴキブリは多くの記録があり、その祖先種は約三億年前の古生代石炭紀《こせいだいせきたんき》に地球上に出現した、生きている化石です。そのゴキブリからシヘンチュウが出てきたという報告はいまだかつてないようで、寄生・共生《きょうせい》・病原性の進化を解き明かすいい研究材料になるかもしれない。新種である可能性が高く、そしてゴキブリを駆除する生物農薬につながるかもしれない。これは大発見だ！　と顧問の先生や高校生たちとともに大変盛り上がりました。

線虫という生き物について科学部女子五人組にひととおり紹介すると、今度は高校生たちが自ら線虫について調べ始め、線虫にはさまざまな生殖様式があり、そして世界中で多くの研究者たちが線虫の研究を進めていることを私に発表してくれました。「生殖様式の謎が知りたい」という知的好奇心からゴキブリを飼育し始めた科学部女子五人組ですが、線虫もなかなか面白い生物だと、いつしか線虫のとりこになってしまったようです。

成虫でも一ミリ前後

線虫と聞けば、にょろにょろと気持ちの悪い寄生性・病原性をもつ生き物であるとの印象が強いかもしれません。寄生虫と総称されるものの中に線虫の仲間がたくさんいますが、「線虫は寄生虫である」ということではありません。

線虫はヘビみたいなミミズみたいなにょろにょろとした姿をしていて、手足はありません。山や畑や公園などの土壌《どじょう》中や、池や川そして海などの底に、私たちの身近な環境で生活しています。土壌中や海水・淡水中で細菌や有機物を餌に生活する「フリー・リビング」（自由生活性）、ほかの線虫や微小動物を食べる「プレデター」（捕食性《ほしょく》）もいます。植物の根っこから栄養を取るものや、根っこなどから植物体内に侵入し、そこに定着して栄養を取る「プラント・パラサイト」（植物寄生性）も土壌中に生息しています。

植物を枯らさない程度に栄養をもらって、線虫と植物が共存できればいいのですが、農作物を枯らしてしまうほど被害を与える農業病害線虫が世界中にたくさんいます。農作物を輸出入する際には、病原体の線虫が混入していないか細心の注意が払われています。どこにでもいると言いましたが、土壌中にいる線虫の大きさは成虫でも一ミリ前後なので、目を凝らして足元の土壌をじっと眺めているだけでは見つかりそうにありません。土壌中の線虫を簡単に採集できる方法を紹介しましょう。

小・中学校の実験でも使われる漏斗《ろうと》に、破れにくく目の細かい濾紙《ろし》を敷き、漏斗の出口にゴム管とピンチコックを装着させた装置を準備します。漏斗に土壌などのサンプルを入れ、水を加えて一晩静置しておきます。サンプル内に生息していた線虫が泳ぎ出て、重力方向に動く走地性《そうちせい》により、漏斗にセットされた濾紙の目をくぐって下へと移動していきます。一晩静置してからピンチコックを開いて、ゴム管から流れ出る水を回収すると、土壌サンプル中に生息していた線虫を効率よく集めることができます。

土壌線虫を抽出するこの装置は「ベールマン装置」と呼ばれ、植物病害線虫がいないか、耕作地の健全度などを診断する際もベールマン法で調べられます［図5］。ペットボトルで自作することも可能で、いろいろな場所や環境で採集してきた土壌サンプルに、どのような線虫がどれくらい生息しているのかを調べてみるのは中学や高校生物の時間にでも取り組める面白い課題でしょう。簡単に集めることはできるものの、一ミリほどの生物を観察するため、顕微鏡は必須です。

ヒトや牛や魚といった脊椎《せきつい》動物、ゴキブリやヤスデといった無脊椎動物など、動物体内で生活する「アニマル・パラサイト」（動物寄生性）の線虫は成虫で数十センチほどの大きさになるものもいるので、肉眼ではっきり見ることができます。とはいうものの、普段は動物体内の特定の箇所、例えば腸管内や腹腔《ふくこう》内、場合によっては血管内などに寄生しているので、やはりめったにお目にかかる生物ではなさそうです。

ヒトの皮下《ひか》に寄生して、ときどき眼から出てくるロア糸状虫《しじょうちゅう》は大きさ約七センチ、前述したシヘンチュウは数十センチにもなりますし、なかには一メートルにもなるギニアワームというヒトの寄生虫もいます。宿主の体調が悪くならない程度に栄養をもらいながら、長く共存しようとたくらむ寄生性線虫もいますが、宿主に深刻な病気を引き起こす線虫もたくさんいます。

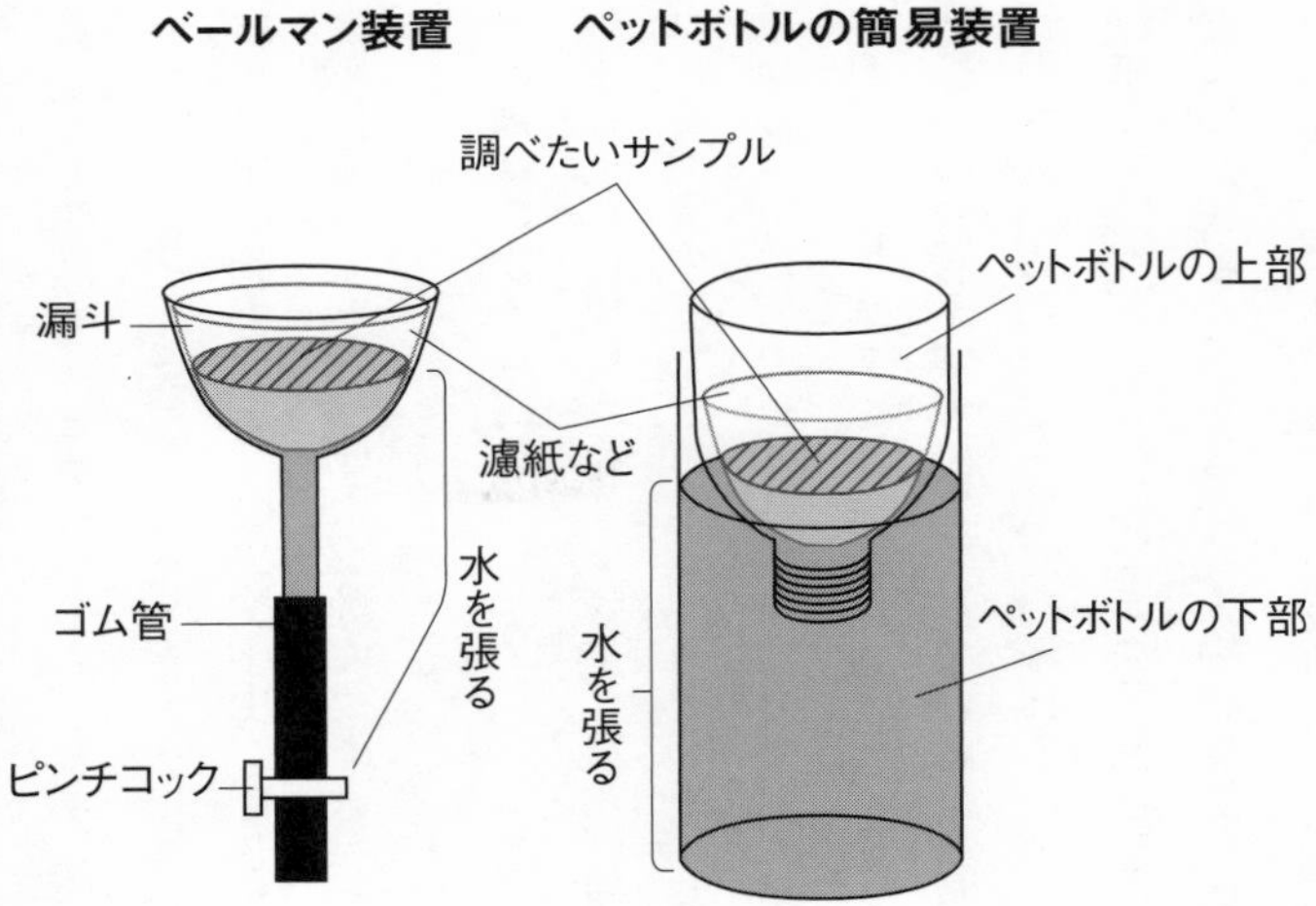

[図 5] ベールマン装置。ペットボトルでも簡単に作れる（右）

病気を引き起こさない線虫といえども、にょろにょろとした生き物が私たちの体の中にいることを想像すると気分はよくありません。ちなみに、寄生虫を形体から「蠕虫《ぜんちゅう》」（ワーム）と「原虫《げんちゅう》」といった分け方をする場合もよくあります。アメーバや鞭毛虫《べんもうちゅう》といった真核《しんかく》単細胞生物を原虫、吸虫《きゅうちゅう》や条虫《じょうちゅう》、そして線虫など細長い体でにょろにょろと動く多細胞生物を蠕虫というように区別しています。

その数はおよそ「四垓」

線虫は進化の歴史も古く、陸上、淡水、海水、ほかの生物体内を生息場所とし、熱帯地域から極地環境まで分布する、何度も繰り返してしまうフレーズですが、およそ地球上のあらゆる環境に適応している生物です。現在およそ三万種が記載され、新種はまだまだ発表され続けています。推定種数百万種、最大一億種はいるのではとも推測されています。

地球上の表層土壌中に生活している線虫頭数をすべて足すと、その数はおよそ「四垓《がい》四〇〇〇京頭《けい》」にもなると見積もられています。垓は、億・兆・京の次にくる位で、一〇の二〇乗（10^{20}）、つまり440,000,000,000,000,000,000頭です。現存する動物の中でも、種数およびバイオマスがほかの生物を圧倒しています。

「アメリカ線虫学の父」と称されるネイサン・コッブ（一八五九〜一九三二年）が残した、

線虫の普遍的存在を表す言葉がよく引用されます。

「線虫以外のすべての物質が宇宙から一掃されたとしても、残された線虫によって私たちの世界の形を確認することができます。線虫のフィルムによって、湖や海の場所が浮かび上がるでしょうし、人が住む町の位置も判断可能でしょう。なぜなら、ひとが集まる場所にはヒトに寄生する特定の線虫が集まっているからです。（中略）さまざまな動物および植物が生活していた場所も判別可能でしょうし、線虫学の知識があればその動植物の種名さえ判別できるでしょう」（「ネイサン・オーガスタス・コッブ：米国における線虫学の父」R・N・ヒュッテル、A・M・ゴールデン）

線虫とヒトに共通するルール

線虫といえば農業従事者は「シストセンチュウ」などを思い浮かべ、水産業関連従事者は「アニサキス」などを思い浮かべ、熱帯医療従事者は「フィラリア」などを思い浮かべることでしょう。そして、基礎生物学の研究者にとって線虫といえば「エレガンス」を思い浮かべることでしょう。セノラブディティス・エレガンス、あるいはシー・エレガンスもしくはエレガンスと呼ばれている、土壌自活性線虫の一種で、多細胞生物の中でゲノム情報が最初（一九九八年）に発表されました。大腸菌や酵母《こうぼ》、ショウジョウバエ、シロイヌナズナなどとともに「モデル生物」として位置づけられていて、生物学のさまざまな課題を解決するための実験材料として多くの研究分野で使われています。

雌雄同体成虫の場合、推進力を生み出す体壁筋は九五個の細胞からなり、全身を張りめぐらす神経系は三〇二個のニューロン（神経細胞）からなり、そして全身の体細胞《たいさいぼう》は計九五九個からなることもわかっています。

好きなもの（快適な温度、おいしい餌《えさ》、交尾相手）、嫌いなもの（高温、乾燥、まずいもの、病原体）を認識し、学習し、そして記憶します。病原体に感染すると免疫機構（線虫には自然免疫が備わっている）を発動させて対抗し、毒物が体内に取り込まれると解毒《げどく》して体を守ろうとします。若いときは旺盛《おうせい》に餌を食べて成長し、盛んな生殖活動が見られますが、次第に老いていき、最後は寿命を迎えます。さまざまな生命現象を「遺伝子」「細胞」「器官」そして「個体」といった各階層をつなげて理解することができ、エレガンスの何もかもが知りつくされようとしています。

世界中の研究者たちによって発表された成果はすぐに「ワームベース」（WormBase: https://wormbase.org/）にアップされ無料で公開されています。自分の研究に関連する過去の研究成果から最新動向までを手軽に入手できるデータベースがあることは、自分の研究を推進しやすくなるだけでなく、無駄な競争を避け、テーマを変えたり仲間を募って共同研究を進めたりすることも容易になります。実験遂行上の問題や解決策を共有し、実験ツールを譲り合ったりすることも盛んに行われてきました。

データベースを構築し、そこで世界中の研究者と情報を共有しながらその分野の発展を図ること、今では当たり前の発想もエレガンスがモデルとなって先導してきました。バイオインフォマティクスを駆使し、米国カリフォルニア工科大学、英国ウェルカムトラストサンガー研究所、欧州バイオインフォマティクス研究所、オンタリオがん研究所の協力体制のもと、二〇〇〇年からワームベースの運用が開始されました。

生物学を研究すればするほど、線虫もヒトも多くの共通ルールのもとで生命活動が成り立っていることがわかってきました。実験しやすい線虫を使って、生命現象の新しい仕組みの発見とその遺伝子制御機構が解明され、それがヒトにも当てはまることが続々と発表されました。その発見がヒトの病気の原因を説明するヒントとなり、病気を抑える薬の開発や病気そのものの根本治療に役立つこともあります。今では環境変化に対する生物の応答の仕組みが情報工学の分野に応用され、ロボットや自動車などの自立行動プログラムの開発に役立とうとしています。

当然、エレガンスは線虫ですから、多様性が高く、地球上のどこにでもいて、さまざまな産業で問題となっている各種線虫を研究する線虫学においてもなくてはならない存在です。殺線虫剤の開発、病原性遺伝子の探索でとても役に立ちますし、生物の種の多様性が生み出される仕組みや寄生性進化について調べる際にも、比較対象としてエレガンスの膨大な情報は有用です。そのほかの生物やそのほかの線虫種のゲノム情報などもワームベースからリンクされていて、かくしてさまざまな分野の発展に大きな影響を与え、そして各分野の発展と相乗してエレガンスの重要性も高まってきました。本書の中でも、各線虫種を紹介する際にエレガンスがモデル生物として出てくることがよくあります。

線虫は多様性が非常に高く、どこにでもいる生物であり、そしてひとびとの生活に大きな影響を与える動物なのですが、とにかく小さいので顕微鏡を使わなければその形態がはっきりわかりません。はじめに線虫はどのような姿をした生物なのか、代表的な線虫数種類を取り上げて顕微鏡を使ってその姿を観察してみましょう。

第二章

顕微鏡で見る生命ドラマ

走査型電子顕微鏡で観察

怖いもの見たさからひとまず実体顕微鏡を覗《のぞ》いて見てみると、「にょろにょろ」がいっぱい集合している様子が目に飛び込んできます。それらが今にも自分のほうへ飛びかかってくるのではとつい「想像」してしまい、そして目や鼻や口から自分の体の中に侵入してくるのではないかと、ますます想像を展開してしまい、それだけですっかり気持ち悪くなってしまうかもしれません。

線虫というと「寄生虫」であると思いがちですが、私の実験室で培養《ばいよう》する線虫をはじめ、地球上に存在する線虫種のほとんどがヒトに寄生することはなく、そして寄生性を有しない自活性のほうが圧倒的に多いのです。まして顕微鏡で観察する線虫が、自分のほうへ飛びかかってくることはありえません。得体の知れなさが恐怖を増幅させる原因であって、例えば虫嫌いを克服させることと同じで、線虫の生態や形態を知ることによってきっと「気持ち悪い」を乗り越えて、知的好奇心が勝る瞬間が訪れるはずです。

ただし、私の実験室では昆虫に飛びかかって口や気門《きもん》や肛門《こうもん》から昆虫体内に侵入する線虫をたくさん培養しています。世界を見渡せば、ヒトの皮膚《ひふ》から体内へ侵入するコウチュウ（鉤虫）という寄生性線虫も確かにいて、しかも推定七億人ものひとがこれに感染して

［図 6］走査型電子顕微鏡（左側に置かれた装置）で線虫を観察する学生

います。線虫はこれらを含めて、ほぼすべて同じような形をしたにょろにょろなので、たとえいま顕微鏡で観察する線虫がヒトに寄生することはないにせよ、やはり悪い想像が勝ってしまいがちなのかもしれません。

ともあれ、おそらく本書をここまで読み進めてくださったほとんどの方にとって、まだまだ気持ち悪い印象のままかもしれませんが、その悪い印象を乗り越えてくださることを期待して、これから線虫の体の基本構造の紹介を進めていきたいと思います。

まずは物体の表面構造を拡大して観察するのに適した走査型《そうさがた》電子顕微鏡を使い、その外観を見ていきましょう［図6］。

特徴的な顔と機能美

私たちのような目や耳、鼻、といった構造はありませんが、それらに相当する器官は備わっていて、特徴的な「顔」をしているばかりか、環境のいろいろな情報を感じ、考え、そして行動することにとても長《た》けています。手や足はありませんが、おいしい餌《えさ》がある場所へ、交尾《こうび》相手の異性がいるところへ、にょろにょろと懸命に走っていきます。とにかく小さい生き物なので、特殊な走査型電子顕微鏡（以下、「走査電顕」）を使わなければその「機能美」に気づくことができません。

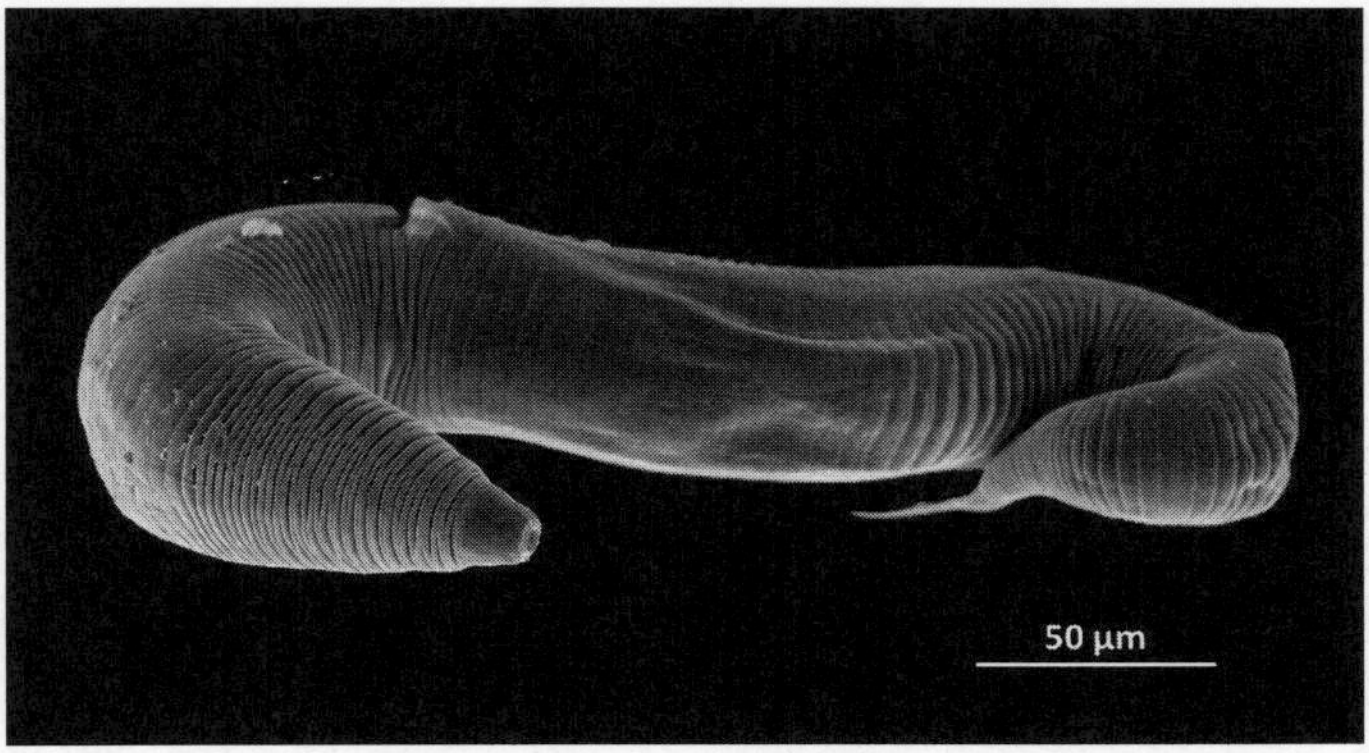

[図 7] テラストーマ・ブルヘシー雄成虫、走査型電子顕微鏡による画像

ワモンゴキブリの後腸に寄生する、テラストーマ・ブルヘシーという寄生性線虫種を例に挙げます［図7］。

雄成虫《おすせいちゅう》の体長はおよそ八〇〇マイクロメートル（一マイクロメートルは一ミリの一〇〇〇分の一、〇・八ミリ）、左側が頭部、右側が尾部《びぶ》、横たわった姿が見て取れます。頭部の先は少し細くなり、前方に向かって口が開いていて、尻尾《しっぽ》は先端に向かって細くなっています。体表面は皮下組織から分泌《ぶんぴつ》されたクチクラの膜（柔軟性のある丈夫な殻《から》と言ったほうがイメージ的に近いかもしれません）に覆《おお》われていて、線虫の場合その成分は主に糖タンパクや脂質、そしてコラーゲンからなります。線虫に骨はなく、クチクラが外骨格としての役割を果たしています。

体環と呼ばれるリング状の溝《みぞ》が見えますが、この構造が物理的衝撃から体を守る丈夫なクチクラに「洗濯機の排水ホース」のような柔軟性をもたせる効果があります。

線虫を輪切りにして中を見てみると［図8］、背側左右と腹側左右の四か所で、体壁筋と呼ばれる筋肉が前後に縦走しています。体内部で皮下組織と接着していて、これを収縮・弛緩《しかん》させることで体をくねらせて推進力を発生させます。線虫はヘビのように左右にくねらせるのではなく、イルカのように「背腹《はいふく》」をくねらせて動きます。図7で示した線虫の場合、腹側をこちらに向けて、右側を下にして寝そべっていると言えます。尾部がカール

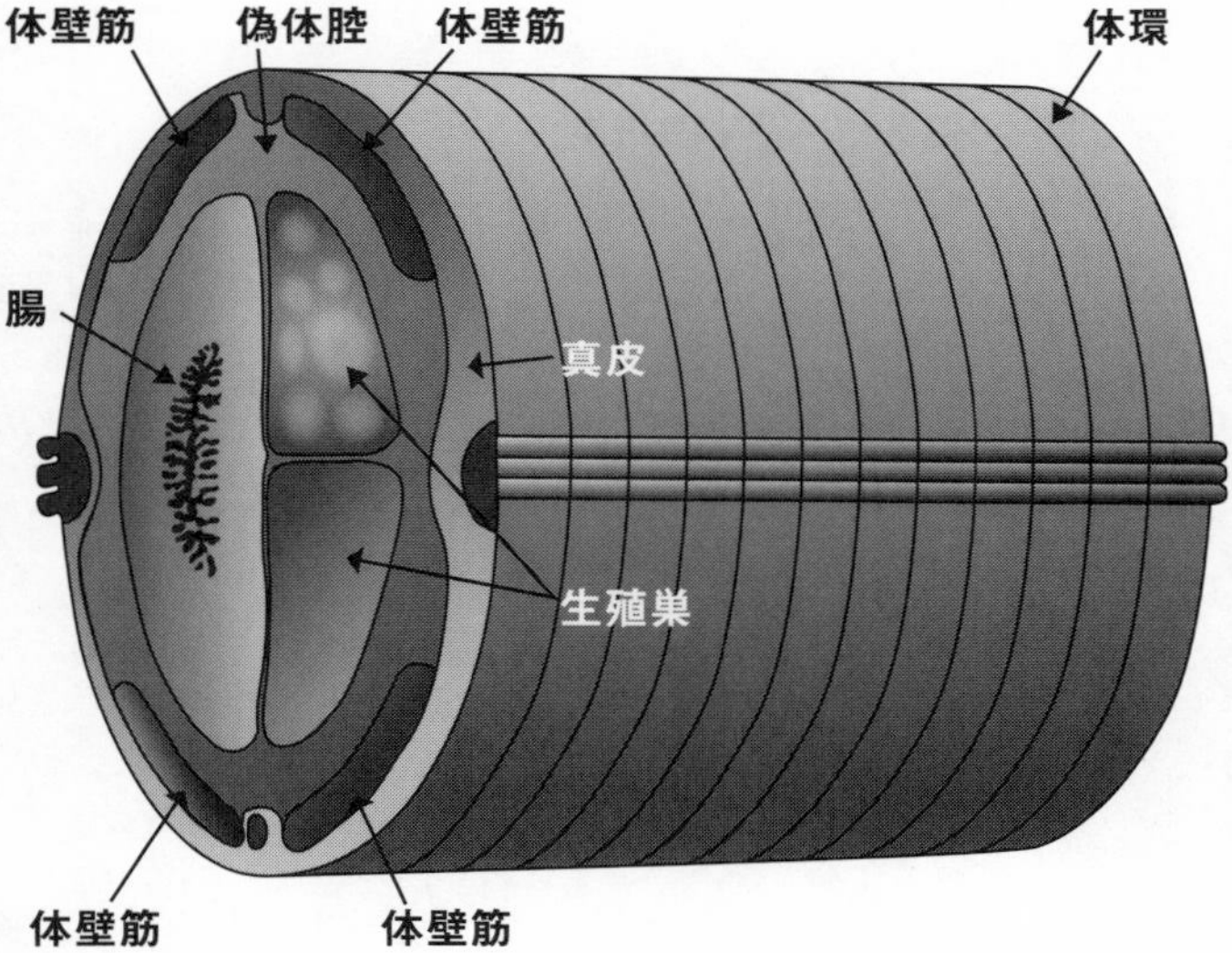

[図 8]　線虫を輪切りにした内部構造。真皮のチューブの中に、腸と生殖巣のチューブが浮かび、体壁筋が背側左右と腹側左右の四箇所で縦走している。表面には体環と呼ばれるリング状の溝があり、さらに左右側面に、頭から尻尾にかけて前後にヒレがある場合もある。水中を泳いだり濡れた表面を這ったりするときの推進力を生み出す役割をもち、その種の生態によって形もさまざまである

していて見えませんが、雄なので尾部先端の腹側に交尾器があり、雌《めす》の場合は体の中心あたりに卵を産み落とす陰門《いんもん》があります。体制として前後・左右・背腹の三軸があります。

頭部の拡大図を見てみましょう［図9］。図で示した走査電顕の画像はどれもオオゴキブリ腸内に寄生する線虫の雌成虫《めすせいちゅう》頭部で、いろいろな「顔」をしている種がいることがわかります。口がぽっかり開いていて宿主ゴキブリの腸内細菌を摂食《せっしょく》します。図の上段右と中段左の線虫に関しては、摂食中の細菌が口からこぼれている様子も見られます。

頭部には特に感覚器官が集中して配置されています。口の周りをよく見ると、規則正しく模様や突起物そして小さな穴が見られるものがあります。触覚や温度を感知する神経が唇（リップ）に内蔵されていて、そしてリップ上の左右に一対の小さな穴が開いています。この一対の穴は化学物質受容器官で、アンフィド感覚器と名前がついています。アンフィド感覚器は我々ヒトに置き換えると鼻や舌に相当する、匂《にお》いと味を感知する感覚器官であり、目の前にあるものが適切な餌であるか、同種の交尾相手であるかなどを判断するのに役立つのです。

頭部腹側には排泄口《はいせつこう》と呼ばれる小さな穴が一か所開いていて［図10・上］、排泄口内部に備わる腺細胞が体内塩濃度調節（浸透圧調整）や不要物の排泄といった高等動物の腎《じん》機能のような働きをしていると考えられています。

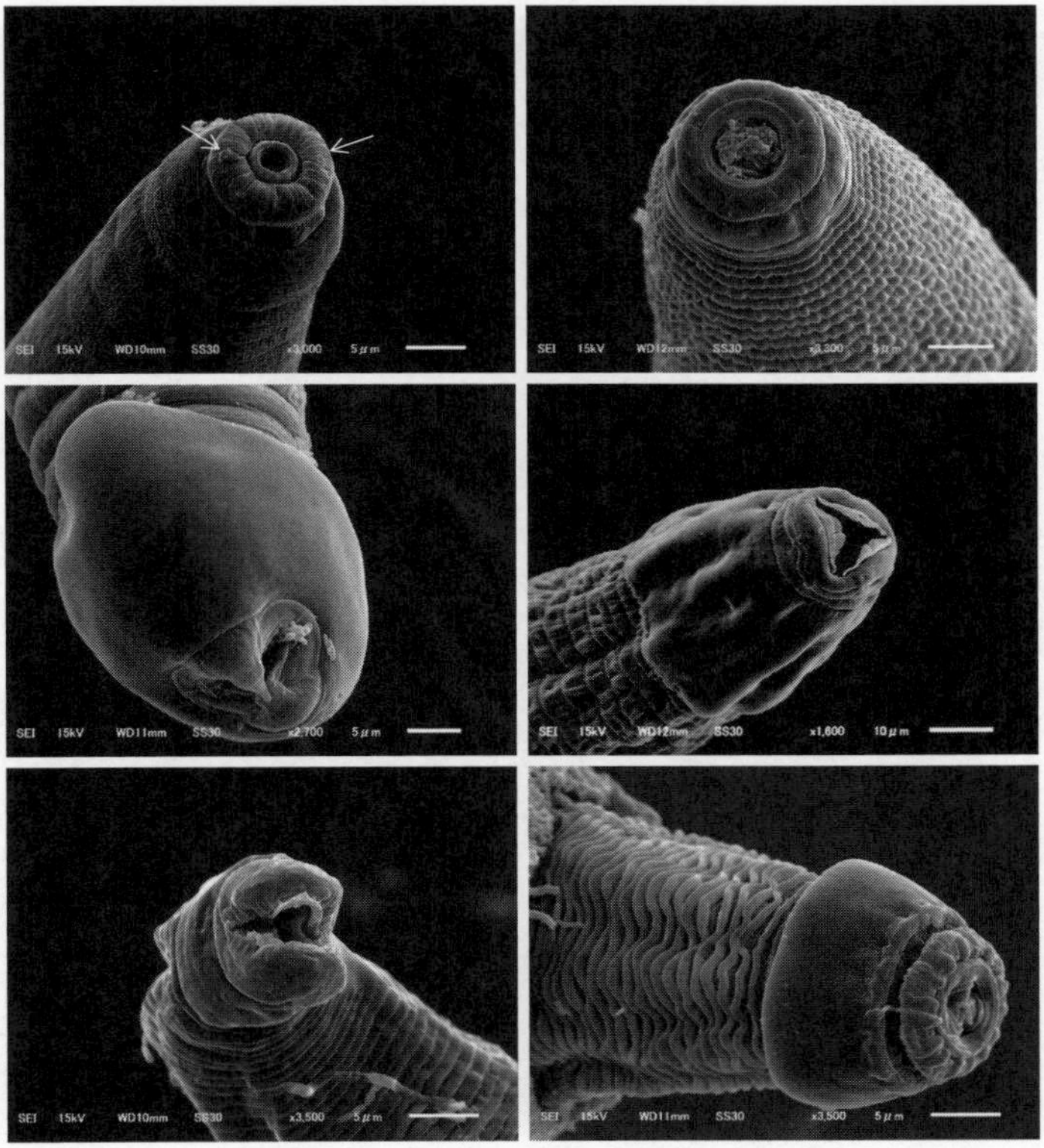

［図 9］いろいろな線虫の頭部、走査型電子顕微鏡による画像。上段左の矢印はアンフィド感覚器

雌の腹部にある陰門［図10・下］から受精卵が産み落とされ、また雄と交尾するときにここから精子が注入されます。陰門は種によって位置が異なり、頭の先から陰門までの距離が形態による種の判別に重要なデータになります。

陰門はだいたい体の中央腹側に位置しますが、極端なものだと例えばプロトレルス属線虫（これもゴキブリ寄生性線虫）の場合、陰門が頭部にあります。雌の尾部には肛門があり、食べたものを消化・吸収した残りの不要物を排泄します。頭部のアンフィド感覚器に対して、尾部にも左右一対のファスミド感覚器という化学物質受容器官をもっている線虫も多くいます［図11・上］。

雄の尾部には肛門ではなく総排出孔《そうはいしゅつこう》があり、この穴は腸管に加え輸精管《ゆせいかん》ともつながっています。腸管末端の直腸弁の開閉で脱糞《だっぷん》を制御し、交接刺《こうせつし》を雌の陰門に挿《さ》して輸精管から精子を注入します［図11・下］。図11・下では、特に立派な交接刺をもつヤスデ寄生性線虫ライゴネマ・ピロサムの尾部を例として挙げました。総排出孔の周りにいくつか突起が見えますが、これは尾乳頭《びにゅうとう》と呼ばれる感覚器官で、雌の陰門位置を確認するときに必要です。

ここで紹介した外観の特徴はほとんどの線虫に共通しています。また、ゴキブリ腸内寄生性（一部ヤスデ寄生性）と呼ぶ共通した生態ですが、走査電顕で詳細を観察すれば個性豊

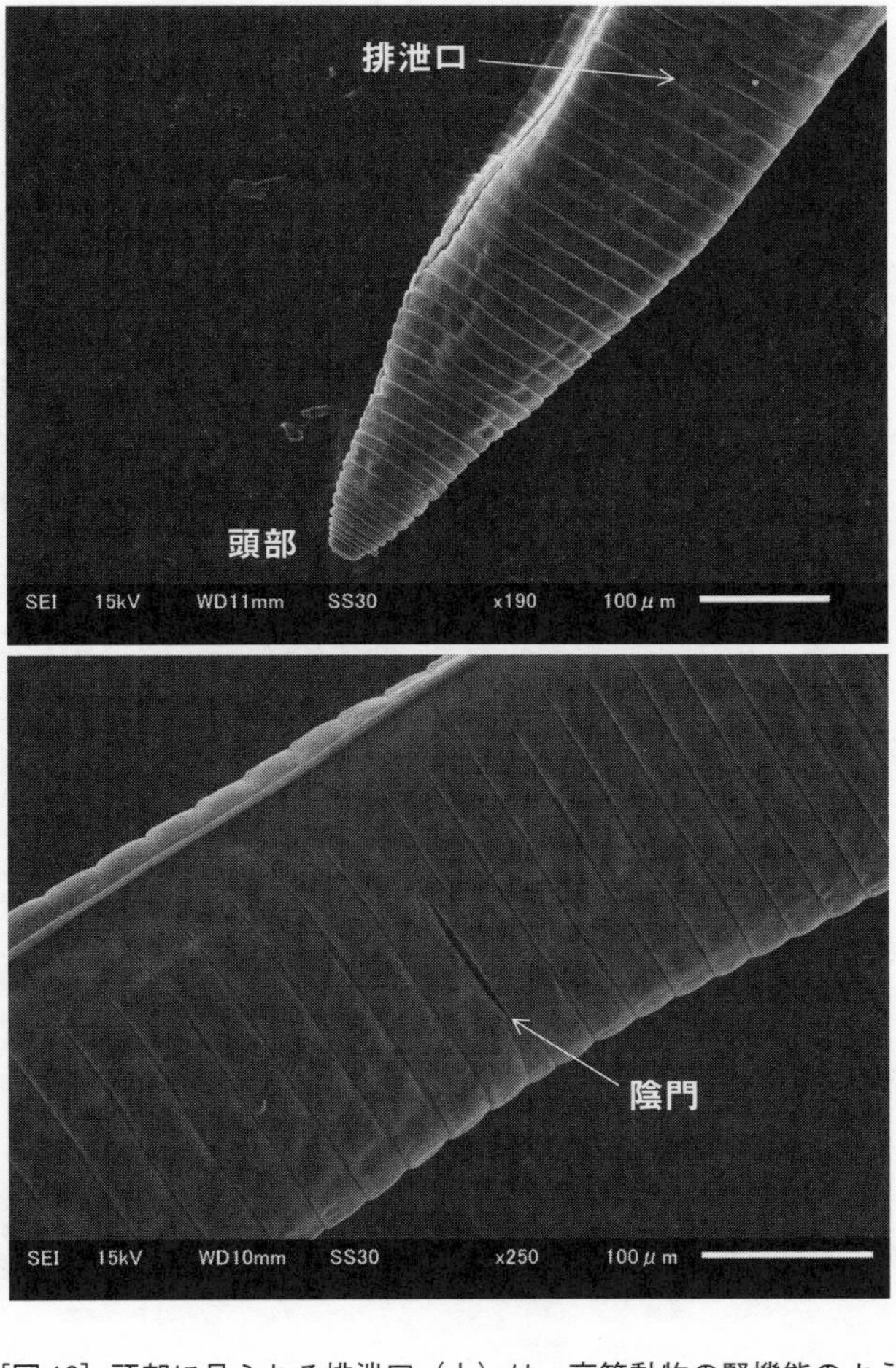

[図 10] 頭部に見られる排泄口（上）は、高等動物の腎機能のような働きをしていると考えられている。雌の腹部に見られる陰門（下）は、ここから雄の精子が注入され、受精卵が産み落とされる

かな線虫たちの顔が見られるのです［図9］。

なお、走査電顕は対象物の表面微細構造を観察する方法なので、ドライで硬いものは表面を金やカーボンなどで薄くコーティングするだけですぐ観察できます。ところが線虫はウエットで柔らかく、そしてとても小さいので走査電顕観察用プレパラートの作製が大変です。固定して構造を保ち、崩れないようゆっくりと段階的に水分を蒸発させてから、表面をコーティングさせるのです。美しい線虫の姿を走査電顕で撮影するのは職人技で、ここで紹介する写真はすべて学生たちの渾身《こんしん》の作品です。

微分干渉顕微鏡による観察

色素があって厚みもある生物標本を顕微鏡で観察するとき、わざわざ脱色して透明化したり、あるいは薄くスライスしてその断面を観察したりと、プレパラートを作製する手間がかかります。当然プレパラートを作製する過程で、その対象生物を殺してしまいます。ましてや、マウスなどの個体を対象にした実験、臓器ごとの観察が必要な場合は麻酔をかけてメスで執刀し、必要な臓器を摘出しなければなりませんし、血管を切ってしまえば血もたくさん出ます。

しかし、多くの線虫の体は一ミリから数ミリと、一般的なスライドグラスにそのまま載

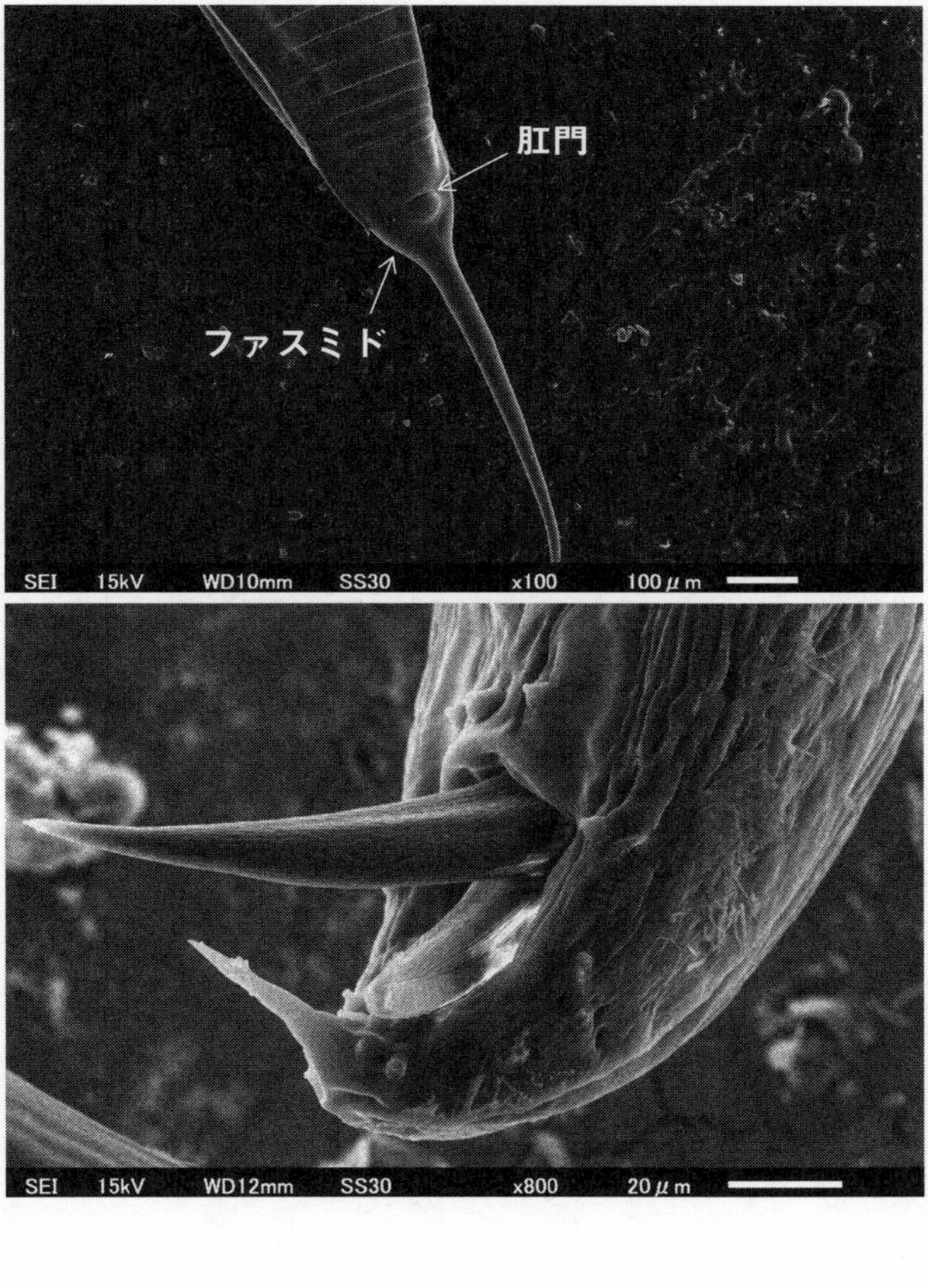

［図11］雌の尾部（上）には肛門があり、その近くに左右一対のファスミド感覚器（化学物質受容器官）をもっている例が多い。下はヤスデ寄生性線虫「ライゴネマ・ピロサム」の尾部。これを雌の陰門に挿入して子宮内に精子を注入する。総排出孔の周りに見える「突起」が尾乳頭で、雌の陰門位置を探る感覚器官

せるのにちょうどよいサイズで、しかも元から体が透明です。臓器が透けて見えるので、脱色、染色、スライスをすることなく、個体をまるごと、しかも生きたまま臓器を観察できます（血も出ません）。この点はほかの実験動物にはない研究材料として線虫が優れている大きな特徴の一つです。

百倍から六百倍くらいまでの一般的な光学顕微鏡の倍率で、筋肉や腸、卵巣そして子宮内の受精卵といった体内構造をある程度観察することができますが、「微分干渉装置《びぶんかんしょう》」を備えた顕微鏡を使うと線虫の見え方がまったく違ってきます。微分干渉装置があることで、透明な対象物であっても密度の違いから生じる光の屈折率の差を陰影として表すことができます。

例えば、細胞内の透明な細胞質に浮かぶ透明な核は、染色しなければその姿を捕《と》らえることが難しかったものの、微分干渉装置が備わる顕微鏡を用いて観察すると、細胞質と核との間で生じる屈折率の差により陰影ができ、したがって核がくっきりと浮かび上がって見えるようになります。さらに細胞の種類によっては、核内の核小体もそのまま見えることでしょう［図12］。ただし、微分干渉装置を導入するには少々値が張ってしまいます。

走査型電子顕微鏡による観察と同様、テラストーマ・ブルヘシーを微分干渉顕微鏡で観察してみましょう。

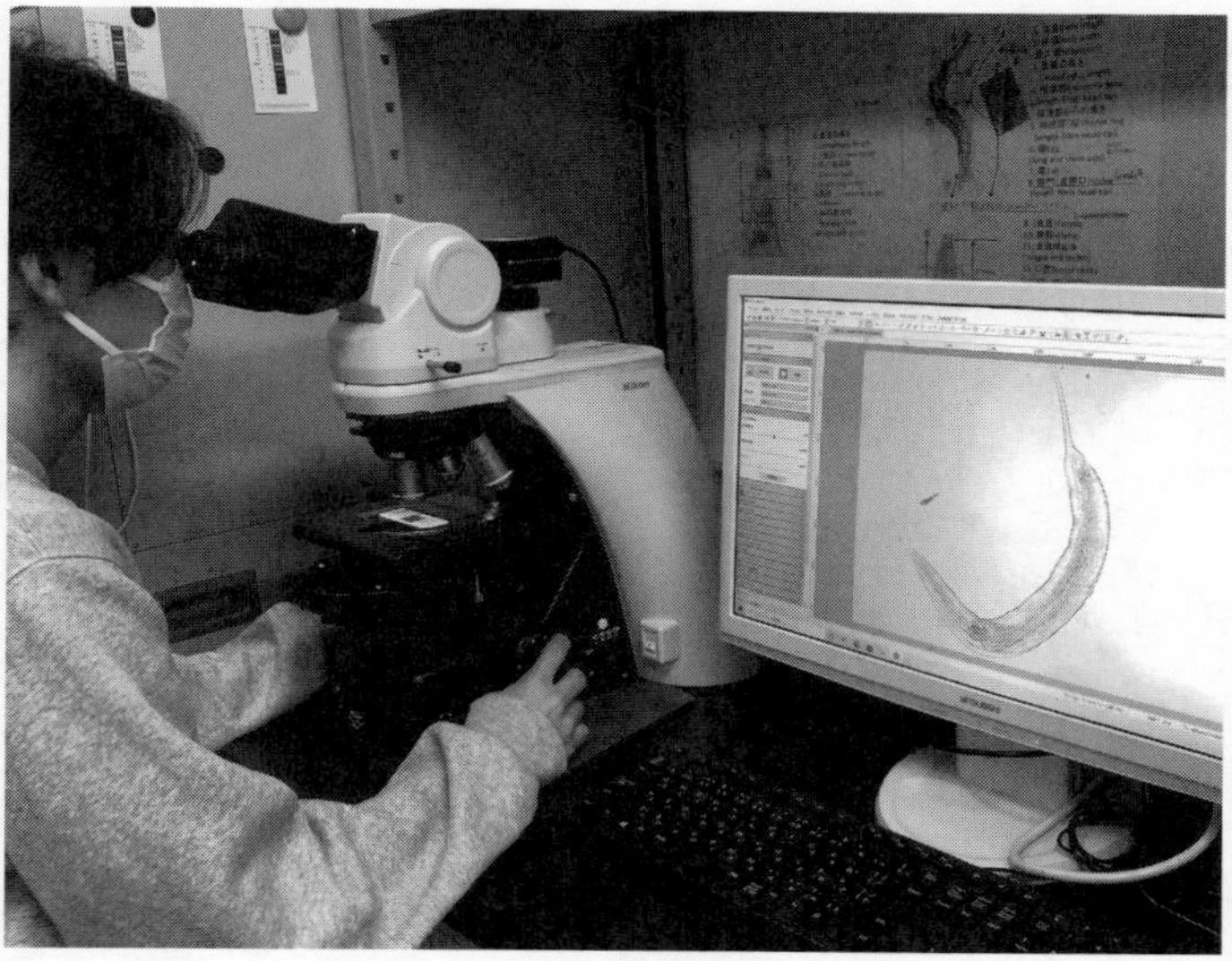

[図 12]「微分干渉装置」を備えた顕微鏡で線虫を観察する学生。透明な対象物であっても密度の違いから生じる光の屈折率の差を陰影として表すことができる

ヒトと共通する基本構造

図13を見てください。上が雄成虫、下が雌成虫です。左側が前で上側が背になる向き（つまり線虫を左側面から見ている）で撮影されていますが、走査電顕のときと違って内部構造が見えます。そしてスケールバーに注目すると、雌雄《しゆう》のサイズが大きく異なることがわかります。

線虫には種によって雄、雌、そして雌雄同体と三種類の性がありますが、雌あるいは雌雄同体と比べて、雄のサイズが概して小さいのです。テラストーマ・ブルヘシーは雄と雌の二つの性があり、雄の体長はおよそ〇・八ミリ、雌は二・五ミリです。

走査電顕画像ではクチクラに覆われた外観を見てきましたが、ここでは微分干渉観察で見ることのできる体内の様子を説明しましょう。

線虫の外側は皮下組織から分泌されたクチクラからなり、口と肛門で外部に開かれたチューブ構造です。そしてクチクラチューブの中に、もう一つのチューブである消化管が浮かんでいて、口と肛門で接続しているのです。消化管チューブは口と肛門で外部に開かれていて、クチクラチューブは閉じられていることになりますが、この両チューブの隙間を偽《ぎ》体腔《たいこう》と呼び、脊椎《せきつい》動物の血液あるいはリンパ液に相当する体液が満たされています。脊

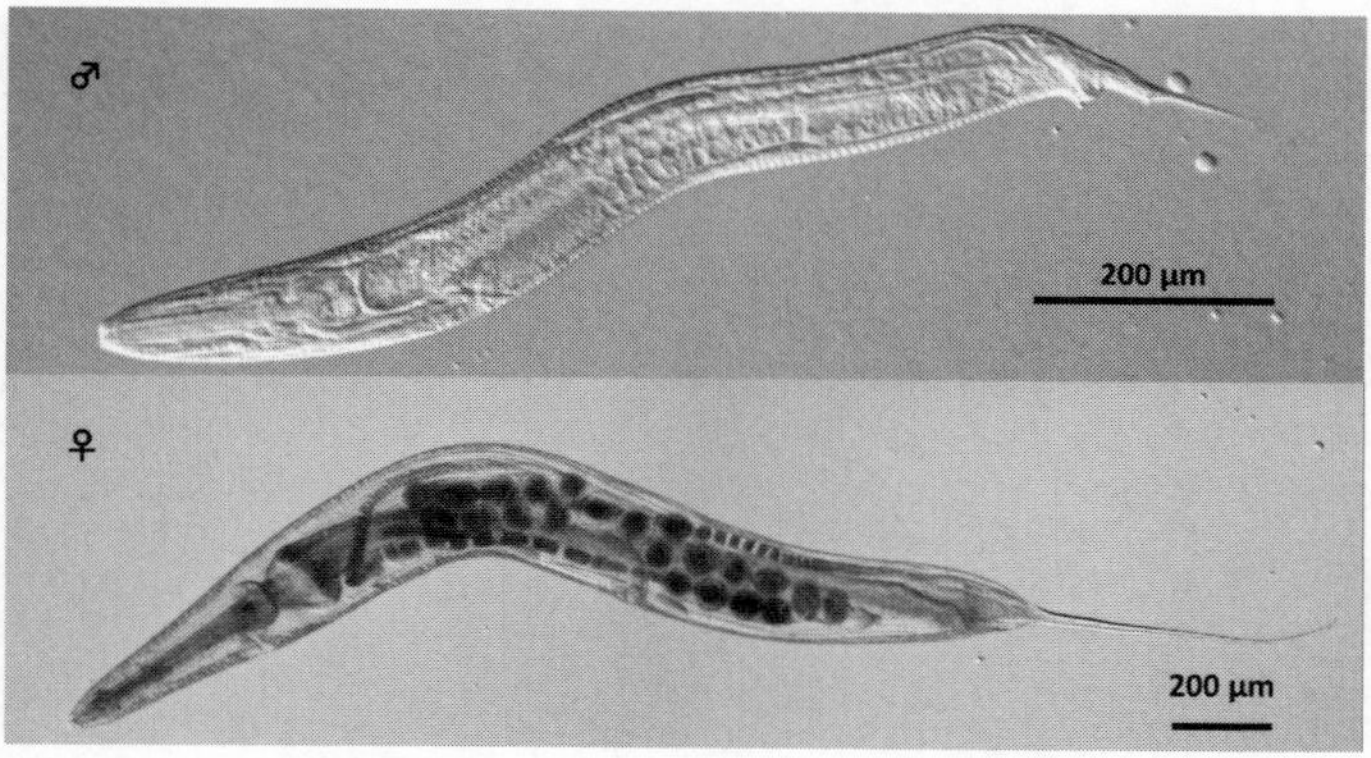

[図 13] テラストーマ・ブルヘシーの雄成虫（上）の体長はおよそ 0.8 ミリ、雌成虫（下）はおよそ 2.5 ミリ。微分干渉顕微鏡による画像

椎動物の体腔のように腹膜で仕切られていないので、ニセの体腔をもつ「偽体腔動物」と名前が付けられていて、線形《せんけい》動物をはじめハリガネムシなどの類線形《るいせんけい》動物、淡水でよく見るワムシなどの輪形動物といった生物も偽体腔の体構造です。

消化管は、餌を取り込む入り口である口腔、餌を取り込み咀嚼《そしゃく》する力を発生させる咽頭《いんとう》（筋肉細胞からなり、丸い部分は後部食道球と呼ぶ）、咀嚼した細菌などを消化し栄養を吸収する腸、糞を排泄する直腸と各パーツに分けられます。

ゴキブリ寄生性線虫の口腔は、細菌食性線虫と共通した構造ですが、植物細胞や糸状《しじょう》菌《きん》（カビ）から栄養を取る線虫は口針《こうしん》をもちます。植物や糸状菌の細胞を覆う細胞壁の主成分はセルロースやキチンなので、植物食性あるいは糸状菌食性線虫はこれら成分を分解するセルラーゼやキチナーゼといった酵素を分泌し、細胞壁が柔らかくなったところで口針を刺して穴を開け、そこから口針をストローのようにして栄養を吸収するのです。

また、ほかの線虫や微小動物を捕食《ほしょく》する捕食性線虫は、細菌食性線虫よりもさらに大きく口腔が開き、肉をかみちぎるための歯を備えています。大きな針をもち、相手の体にその針を刺して体液を吸収する捕食性線虫もいます。口の様子からその線虫の食性が予測できるのです【図14】。

雌の場合は陰門から前後に二本、雄は総排出孔から一本、配偶子《はいぐうし》（精子と卵子）を作り

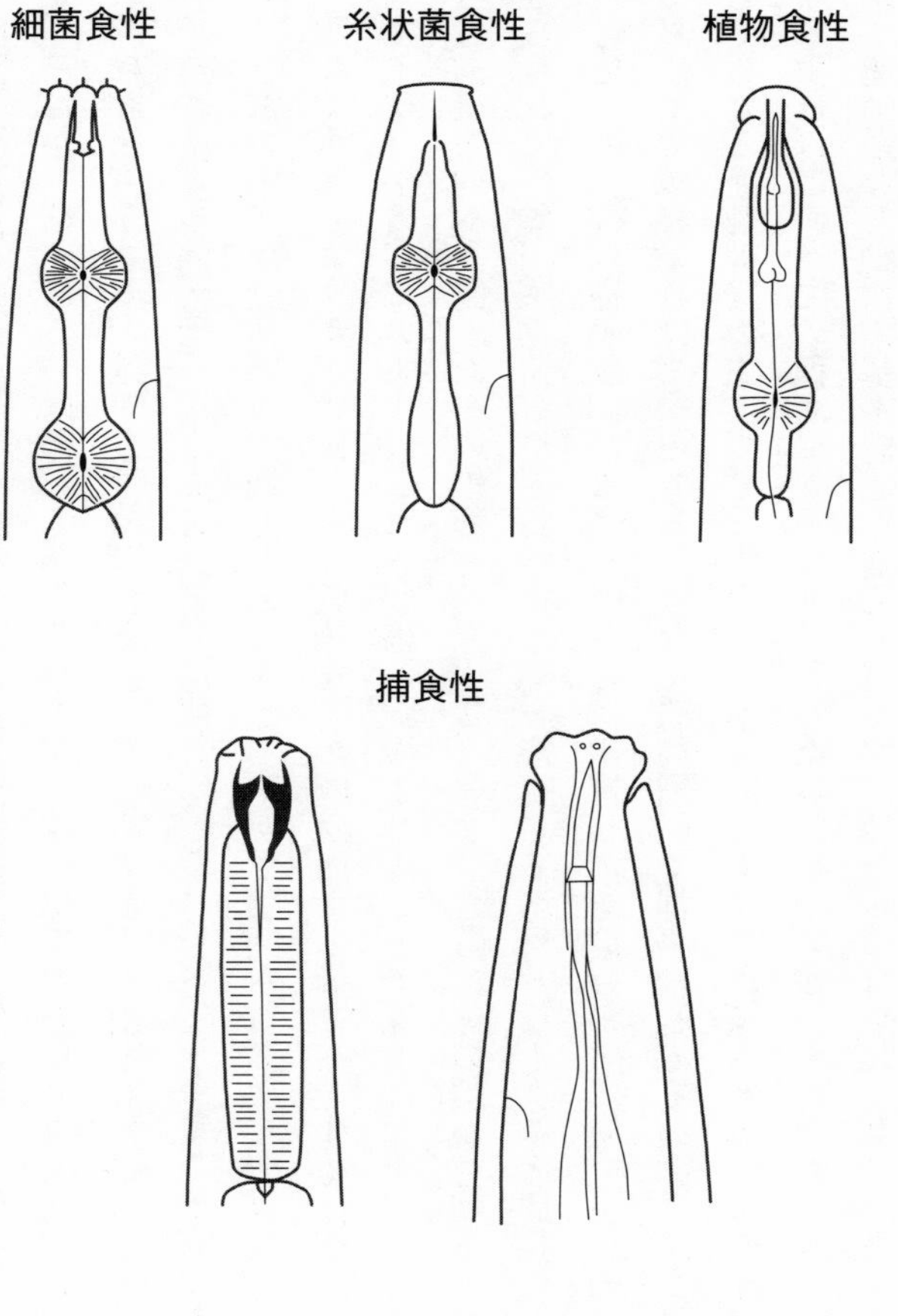

[図 14] 線虫の口腔には種類がある。その様子からその線虫の食性が予測できる

出す生殖腺《せいしょくせん》が体腔内に浮かんでいます。J字型やU字型あるいは細長く絡まった形の生《せい》殖腺《しょくせん》の末端には、精原細胞（雄の場合）あるいは卵原細胞（雌あるいは雌雄同体の場合）があり、そこから精子あるいは卵細胞が作られます。雌の生殖腺を見てみると、輸卵管と子宮の間に貯精嚢《ちょせいのう》があり、雄から供給された精子をためておく役割をもっています。成熟した卵子が貯精嚢を通る際に精子と受精し、卵殻《らんかく》が形成され受精卵となり子宮へと送られます。子宮の中には受精卵が何個も見えますが、やがて陰門から順次産卵されます。

説明が重複しますが、背側左右と腹側左右の四か所で前後に縦走する体壁筋が、偽体腔内で上皮と接着しています。これを収縮・弛緩させることで線虫は体を背腹方向にくねらせ、前後方向へと動くための推進力を発生させます。さらに体の端から端まで神経が張《は》り巡《めぐ》らされていて、感覚器官や運動器官などと接続してネットワークを形成しています。環境に応じた的確な運動制御がなされ、さらに学習して記憶します。微分干渉顕微鏡を用いて高倍率で観察すれば、染色することなく筋肉細胞や神経細胞もそのまま観察でき、咽頭をぐるりと囲む神経の束でできた線虫の中枢神経である神経環も観察できます。

線虫はほぼすべての種がにょろにょろとした見た目ですが、消化器系、生殖器系、神経系、運動系など動物の基本構造を備えています。私たちの目や耳、鼻に相当する器官があることも知ってもらいました。ただし線虫には発達した呼吸器系はなく、皮膚呼吸により酸素を環境から取り込んでいます。私たち同様、エネルギーを作り出すうえで酸素は必須です。

一見すると私たちヒトとまったく違ったにょろにょろした生き物ですが、私たちと共通した部分を見出し、若干でも線虫という生き物との距離が縮まりつつあるかと期待して次に進んでいきたいと思います。

第三章

どの生物グループに属するか

生物分類の基本

地球上に生息する生物（動物、植物、菌）は二〇二一年までに約二一三万種が記載され、その中で動物はおよそ一五〇万種の既知種が三〇種類ほどの「門《もん》」というくくりでグループ分けされています（国際自然保護連合のレッドリストによる）。ヒトや鳥や魚は脊索《せきさく》動物門、エビ・カニそして昆虫は節足《せっそく》動物門、そして線虫は線形《せんけい》動物門（ネマトーダ）という動物の一グループを形成しています。

ほかの動物と比べて線虫はどういう特徴をもった生物でしょうか。同じくにょろにょろした生き物であるミミズ（環形《かんけい》動物門）でもなく、ヘビ（脊索動物門）でもなく、そしてハリガネムシ（類線形《るいせんけい》動物門）でもありません。分類学的位置づけから線虫の特徴を知ってもらうため、これから生物分類の話をします。

さまざまな特徴をもった生物をなるべく共通のルールの下で分類をしますが、各分類グループによって独特のルールとして、各種を区別するための指標や基準があります。また技術の進歩により見えなかったものが見えてくると、これまでの基準が変えられて分類体系が大きく変わることもありました。

さらに、「収斂進化《しゅうれんしんか》」など、系統を異にするものでも同じような形や性質をもつこともたくさんありますし、形態的に同一に見えるもの同士が実は別種（隠蔽種《いんぺいしゅ》）だと発覚することもたくさんあります。種が異なれば交配して子孫を残すことができないため、同種か別種かを調べる際に交配試験ができればベストです。しかし実験室で培養《ばいよう》できないものや、人工的な条件だと生殖行動を示さない動物も多く、種の判別や新種登録はなかなか難しい作業です。

タンパク質合成を行うリボソームという細胞小器官《さいぼうしょうきかん》（細胞内にあり、一定の機能をもつ有機的単位の構造体）はすべての生物がもっているので、リボソームの構成パーツである「リボソームRNA」の遺伝子配列を指標にすれば、その配列の類似性から容易にかつ客観的に生物全体のグループ分けができそうです［図15］。このように遺伝子配列の類似性を活用する方法を分子系統解析と呼びます。

常に更新され変化し続けている分類に、今の時点で完璧《かんぺき》を求めることに無理がありますが、自分の研究対象が生物界でどのような系統分類学的位置なのかをおおよそ把握《はあく》しておくことは生物学においてとても大切です。また、その生物グループは地球上でどれだけの種数がどの地域に分布するのかといったデータは、毎年のように更新されながら共有データベースとして公開されています。

自然生態系を守りながらヒトの経済・社会活動を活性化させていくための政策決定上、

とても大切な指標です。

もちろん、線虫についても生物界における分類学的位置を把握することは、寄生・共《きょう》生《せい》・病原性といった関係がほかの分類群に属する生物といかにして成り立つに至ったのかなど、進化学的に理解するうえでも重要な情報となるのです。

極限環境で生きる古細菌

生物は、真核生物《しんかくせいぶつ》、古細菌《こさいきん》、真正細菌《しんせいさいきん》という三つの「ドメイン」（範囲・領域）に大きく分けられ、古細菌と真正細菌を合わせて原核《げんかく》生物と言います。

古細菌には、海底熱水噴出孔《ねっすいふんしゅつこう》など高温環境に生息する超好熱菌《ちょうこうねつきん》、高塩濃度《こうえんのうど》環境に生息する高度好塩菌《こうえんきん》、反芻《はんすう》動物やシロアリの腸内に生活するメタン生成菌など、「地球上の極限環境」と言われているところでよく見かける、かなり個性ある生き物が例として挙げられます。

これらは極限環境でも生きていける強靭《きょうじん》な環境適応能力をもつ生物というわけではなく、我々ヒトから見て特殊な環境で生活できるように特殊化された生物であり、したがってそこの特殊な環境でしか生活することができないものが多いのです。

これらの生物を実験室にもち帰って培養《ばいよう》しようと思っても、その生物が生育していた極

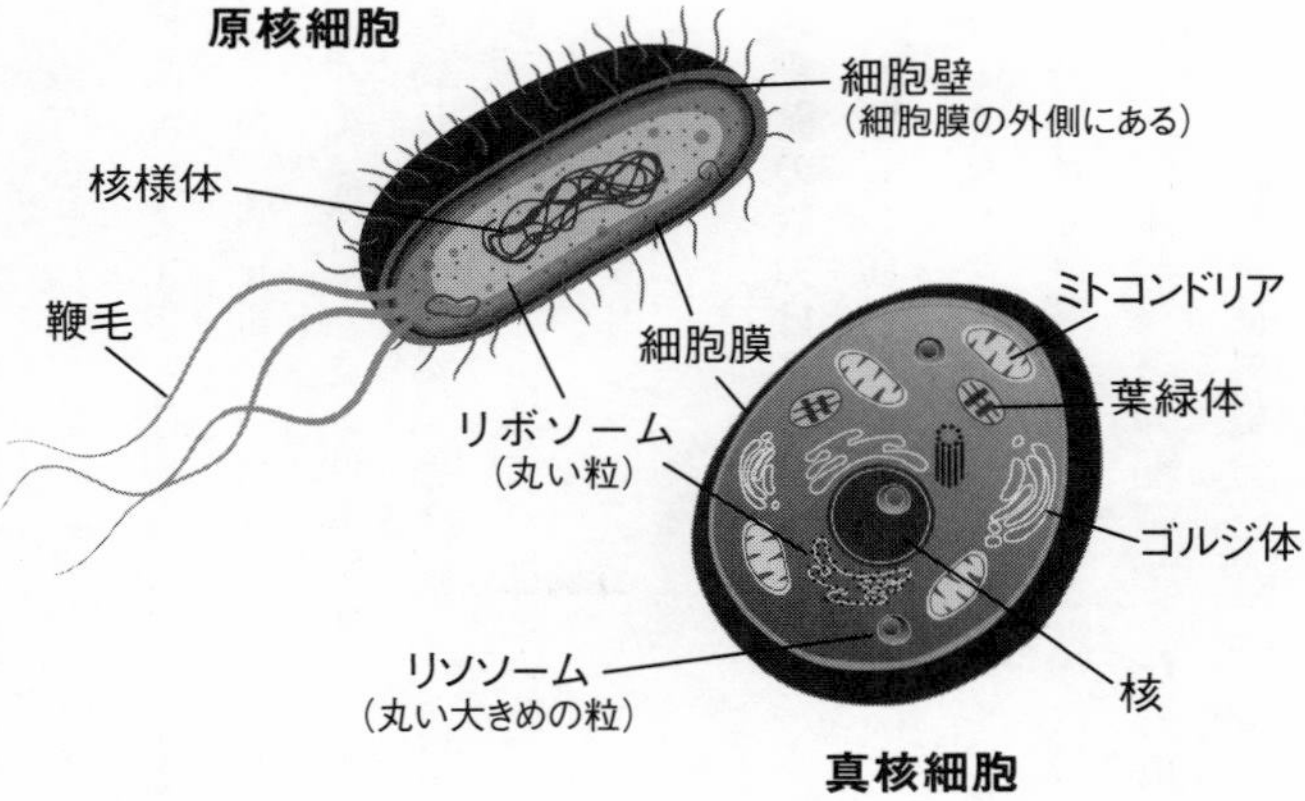

[図 15] 原核細胞（左側）と真核細胞（右側）の簡単な模式図。原核生物は核がないため、ゲノミック DNA は核様体として細胞内に浮かんでいる。また一つの細胞が生物個体としてふるまうので、動くための器官である鞭毛なども備わっている。ミトコンドリア、葉緑体（植物細胞）、ゴルジ体、リソソーム（動物細胞）あるいは液胞（植物細胞）といった細胞小器官が原核細胞には見られないが、リボソームは両細胞にある

限環境を再現しなければならず大変です。そのような生物を研究対象とする場合の有効な代替方法として、その環境から抽出《ちゅうしゅつ》したDNA情報を実験室にもち帰り、遺伝子情報から極限環境で生きる仕組みを調べるという方法があります。

また、真正細菌は我々の身近に存在するものが多く、例えば乳酸菌、納豆菌、大腸菌、サルモネラ菌がこの仲間です。ヒトの腸内共生細菌をはじめ、食品加工に活用できるものもいれば生命を脅《おびや》かす病原体もいて、細菌として思い浮かびやすい生物グループでしょう。極限環境で生活する真正細菌も存在しますが、やはり古細菌のほうが種数および割合が多いようです。

細菌の魅力は多様性

古細菌と真正細菌はともに原核生物と言いましたが、細胞小器官をほとんどもたず、ゲノム本体は染色体構造を作らず、それを収める核もありません。環状ゲノミックDNA（DNA鎖《さ》が両端でつながりリング状になっている）が凝集《ぎょうしゅう》して細胞内に浮かんでいるのみです。一個体が一つの細胞からなる単細胞生物で、大きさは数マイクロメートル程度です。

消化酵素を体外に分泌《ぶんぴつ》して、周りの物質を分解しそれを栄養として吸収します。吸収した栄養を材料に細胞内（体内）で化学反応を進めて、エネルギーを得たり自身の体や子孫の体を作る材料を得たりします。基本は分裂して自分のコピー（クローン）をたくさん作って増殖し、ときに細胞間（他個体《たこたい》）同士で遺伝情報を交換（交配）し合って子孫のゲノムの多様性を高めることもあります。

細胞の内外を隔てる細胞膜と、さらにその外側を覆《おお》う細胞壁は、生物のもっとも基本となる器官と言えますが、古細菌と真正細菌の間で構造にいくつか違う点が見られます。例えば真正細菌の細胞壁を見ると、糖鎖《とうさ》とペプチド鎖（アミノ酸が連なった鎖）がメッシュ状につながるペプチドグリカンから構成されていますが、古細菌の細胞壁はペプチドグリカンではなくほかの数種類によって構成されています。

すべての生物の細胞膜はリン脂質からなりますが、脂肪酸とグリセリンとの間の結合が真正細菌の場合はエステル結合、古細菌の場合はエーテル結合で、細かいですが膜構造といった根幹部分で違いが見られます。一方で、ゲノム複製や遺伝子発現機構は、古細菌と真正細菌の間で大きく異なり、そして古細菌と真核生物の間で共通した部分が多いこともわかっています。およそ三五億年から四〇億年前、今でいえば極限環境といえる原始地球の海の中（高温で酸性）で誕生した我々の祖先は、はじめ真正細菌と古細菌とに分かれたのち、古細菌の中から真核生物の祖先が分岐したのではないかと考えられています。真核生物は、大きな古細菌グループの中の一部であるという見方もできます。

細菌の場合、地球上にどれだけの種数が存在するのかを推測することはとても難しいです。実験室にもち帰って培養し、さまざまな実験をすることでその特徴を記録して記載できたものが約三万種以上存在しますが、種として判別するための明確なルールを決めることが難しく、そして何より難培養細菌も多いからです。

例えばお風呂や洗面所など、水まわりでよく見られるピンク色のセラチア細菌セラチア・マルセッセンスは、我々の住環境そしてヒトの腸内にも存在する常在細菌で、免疫《めんえき》が低下したヒトに悪さをする日和見《ひよりみ》感染菌としても知られています。

また、私たちの研究室で研究を進めている昆虫病原性《こんちゅうびょうげんせい》線虫のある種は、ある細菌種と共生関係を結び、その細菌毒素によって殺虫することがわかりました。この細菌ゲノム約五〇〇万塩基《えんき》を調べたところ、ほとんどセラチア・マルセッセンスと一致したので種としてはセラチア・マルセッセンスとなりました。

さらに、植物体内に共生する微生物をエンドファイトと呼びますが、私たちが進める別の研究の中で、植物寄生性線虫が植物体内に侵入するのを助けるエンドファイトがいることを発見しました（線虫を助けてしまうので、植物にとってはよくないと思われます）。その細菌ゲノムを調べたところ、ほとんどセラチア・マルセッセンスと一致したので、やはり種としてセラチア・マルセッセンスとなりました。

細菌の場合、ほんの数個の遺伝子の性質が変わるだけで、ヒトの住環境の常在細菌、昆虫病原性細菌、エンドファイトと、まったく異なる生態になります。細菌という生物は、「種の数」を把握するといった取り組みの範囲に収めることができない多様性の魅力があるとも言えます。

活性酸素と病、そして線虫

生物としてより複雑化した真核生物の特徴は、細胞の構造に表れています。膜で形成された核の中に、その生物の遺伝情報がすべて記録されたゲノミックＤＮＡが納まっています。ゲノミックＤＮＡが核の中に保持され、その中から必要な情報が必要なときに速《すみ》やかに読み取られ、その情報によって細胞内の化学反応がコントロールされています。

加えて、細胞の中で遂行される多種多様な化学反応が、さまざまな細胞小器官で分業されています。酸素を使いエネルギーを効率よく生産する「ミトコンドリア」、光エネルギーを用いて有機物を合成する「葉緑体《ようりょくたい》」、遺伝情報をもとに細胞内で作られたタンパク質をさらに加工して働きやすくする「ゴルジ体」、不要になった物質を分解して再利用できる材料にする「リソソーム」などです［図15］。

細胞小器官であるミトコンドリアや葉緑体は、それぞれ細菌のゲノミックＤＮＡのような環状の形をしたミトコンドリアＤＮＡと葉緑体ＤＮＡをもっていて、しかもその中に数十種類から多くて数百種類の遺伝子が含まれています。このことから、もともと酸素呼吸細菌や光合成細菌として独立して生活していた細菌が、あるとき真核細胞生物の祖先となる生物の細胞内に取り込まれて共生するようになり、その後、細胞小器官となったという「細胞内共生説」が広く支持されています。

　真核生物の細胞は、構造が複雑で高度に分業化されていることがわかります。生物進化の過程で、ゲノミックＤＮＡ中に保存されている遺伝子数がどんどん増えていったとしても、膨大な遺伝情報の中から必要な情報を選別して速やかに読み取る機構が発達しています。エネルギー生産およびタンパク質合成効率が格段に上がり、細胞内で不要となったものの分解・廃棄あるいは再利用する機能も獲得しました。

　生物個体が経験する状況に応じ、そのときに必要な物質（生体物質）が遺伝情報に従って作られ、加工され、輸送され、保管され、廃棄あるいは再利用されるといった高度なロジスティクスが備わっているのです。真核生物には、一つの細胞で一個体が形成される単細胞生物と、たくさんの細胞が集まって組織（神経組織、上皮組織・筋組織など）・器官（脳や脊髄《せきずい》・皮膚《ひふ》や胃や腸・心臓や骨格筋）が形成されパーツが組み合わさって個体ができる多細胞生物とに分けられます。多細胞生物は必ず真核生物であり、線虫も真核生物です。

ある動物が感覚器官を使って餌《えさ》を発見すると、エネルギーを生産・消費しながら運動器官を使ってそこに向かって体を動かし、餌を摂食《せっしょく》します。摂食したのち、消化器官を使ってそれを分解する酵素を作り、分解した栄養を吸収します。吸収した栄養をもとに自分の体を再構築し、残りの栄養は貯蔵したり廃棄したり、といった作業が各器官で進められるようになりました。

また、ミトコンドリアを獲得することができたおかげで、真核生物は酸素を使って効率よくエネルギーを生産できるようになり、酸素を使わずにエネルギーを生産する原核細胞よりも約一九倍向上したことになります。そのかわり、ミトコンドリアで酸素を使ってエネルギーを生産する際に、副産物として生成してしまう毒性の高い「活性酸素種」を何とかしなければならないという問題も出てきました。ミトコンドリアで発生してしまう活性酸素種が細胞内に漏れ出てしまうと、細胞内のあらゆる物質から電子を奪いその機能を壊してしまうので、これらを解毒《げどく》除去するシステムも同時に発達させる必要があったのです。

生物個体が若いときは細胞の活性が高く、少々の毒物が体内で生産されても解毒システムが働いて除去してくれます。しかし、老化していくにしたがって活性酸素種を除去する解毒システム機能も低下してしまい、細胞の損傷が蓄積してさまざまな臓器・器官の機能も低下してしまいます。

老化に伴い発症してしまう種々の病気の主な原因に、ミトコンドリアから漏れ出てくる活性酸素種があることはよく知られていて、遺伝子、細胞、組織、そして個体レベルで研究が進められる線虫によって多くの成果が発表されてきました。肥満や糖尿病、神経変性疾患、そしてがんと活性酸素種との関連性についても、線虫を使った実験がとても有効で、食べ物や生活環境、そして遺伝的リスクを評価するための基礎研究が進められています。

発展途上の分類体系

真核生物ドメインは、その下位分類として「動物界」「植物界」「菌界」「原生生物界」に分けられてきました。菌界には酵母《こうぼ》、カビ、きのこの仲間が含まれ、同じ菌の漢字が使われていますが原核生物の細菌とはまったく違います。

また、一つの真核細胞から一個体が構成される単細胞生物は、原生生物として一つのグループにまとめられてきました。おそらく一般的になじみのある生物分類法は、真核生物に動物界、植物界、菌界、原生生物界の四つの界、そして古細菌と真正細菌の原核生物をモネラ界とする「五つの界」ではないでしょうか（ただし五界説が提唱された当時は古細菌の研究が進んでいませんでした)。

しかし、原生生物の中には、植物、菌類、動物に属すべき生物が混在していますし、形態だけを指標にした分類はやはり限界がありました。研究対象とする生物が共通してもっている遺伝子の配列情報をもとに分類する分子系統解析によって、真核生物ドメインは五つのスーパーグループに再構成されました。

その内訳は、次のとおりです。

●陸上植物および藻類《そうるい》などの水生植物を主に含む「アーケプラスチダ」(細胞内共生一回目の葉緑体をもつ)
●単細胞で鞭毛《べんもう》をもつ鞭毛虫がメインメンバーである「エクスカバータ」
●動物界および菌界を主に含む「オピストコンタ」(精子や胞子などが体の後ろにつく鞭毛を使い動く)
●かつて原生動物として分類されていたアメーバ状生物を多く含む「アメーボゾア」
●ストラメノパイルとアルベオラータとリザリアの三つのグループをひとまとめにし、それらの頭文字で名前を付けた「ＳＡＲスーパーグループ」(とにかく分子系統解析結果でまとめた)

これらは一般のひとたちにはなじみのない英語名をカタカナにしたもので、しかもまだ改訂余地のある発展途上の分類体系となっています。

生物分類に関する詳細は、大学の生物学関係の講義で勉強することができるかと思いますし、繰り返しになりますが常に更新される流動性の高い分野です。ここでは生物全体の分類概要をある程度押さえるにとどめて、次に動物界の概要に進みましょう。

推定一〇〇万種から一億種

地球上の生物（動物、植物、菌）は未知種を含めて約八七〇万種がいるであろうと「推測」されています。二〇二一年の時点で約二一三万種が記載され、動物界にはその下位分類群として約三〇種類の門に分類された計一五〇万種ほどが記載されています［図16］。そのうち約一一〇万種がエビ、カニ、そして昆虫などを含む節足動物門（うち昆虫は約一〇〇万種）、約九万種がタコ、イカ、貝、ナメクジなどを含む軟体動物門、約六万六〇〇〇種がヒトや魚などをはじめホヤやナメクジウオを含む脊索動物門、そして約三万種弱からなる線形動物門です。

分類群や種の数は流動的で、地球上の動物は計七〇〇万種以上いるのではないかとの推

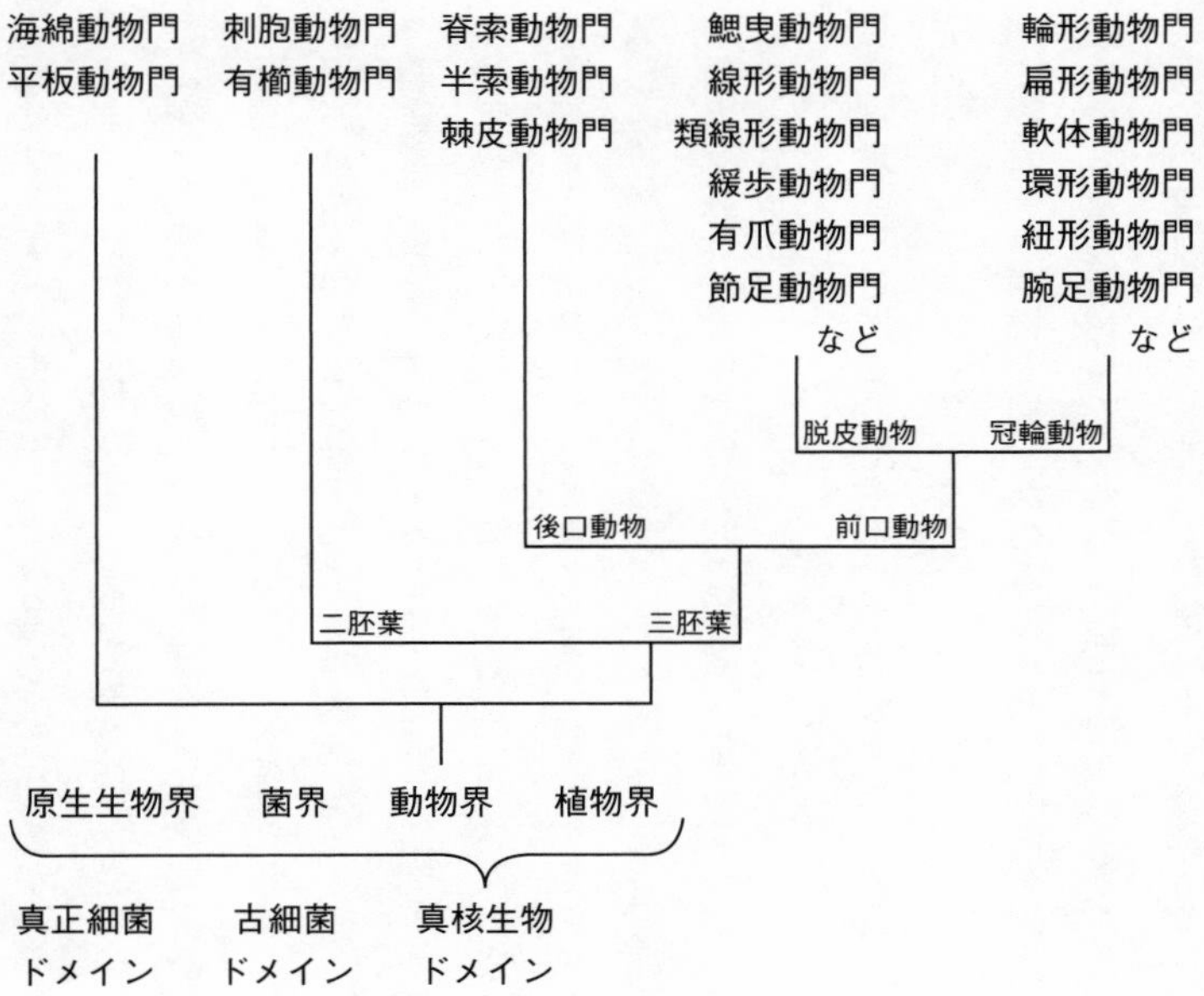

[図 16] 動物界の系統関係。現存する生物がどのように特殊化、複雑化、あるいは多様化してきたか、進化の変遷がたどれる。単純であるからこそ環境に適応しやすく、生き残るうえで有利な場合もある

定数に比して、線虫に至ってはその推定種数が一〇〇万種から最大一億種と大きく開いています。「線虫は多様性が高く種数も多い」ということを本書で主張したいのですが、ここに挙げた既知種の数だけを見れば動物全体に占める線虫の割合が二パーセント、約七〇パーセントを占める昆虫に完敗です。確かに昆虫はほかを圧倒していますし、多様な生態や形態は多くのひとを魅了してやみません。

有害な線虫をやっつけようとする目的の研究者や、さまざまな基礎研究の目的に線虫を実験動物として使用している研究者はたくさんいます。しかし線虫を分類し、新種として記載できる研究者は決して多くなく、そしてその研究対象はどうしてもヒトとの関連性の高い（農林水産業や医学上重要な）線虫種とその近縁種に大きく偏《かたよ》ってしまいます。

新種記載数はせいぜい約四〇〇種／年のスピードで、これでは昆虫の一〇〇万種に到達するまで、二四二五年（97万種÷400）もかかってしまう計算になり、もし仮に一億種の線虫が地球上にいてこれをすべて記載しようとすれば、このペースだとさらにその一〇〇倍先の未来になってしまいます。

動物および植物と何らかの寄生・共生関係を確立している線虫種がいて、例えばある種の昆虫とだけ関係をもつ特別な線虫種がいるといった、一対一の関係（特異的関係）も多く見られます。大げさな言い方かもしれませんが、昆虫一種類につき何らかの寄生・共生関係をもった線虫が一種類以上いて、それが特異的な関係であれば「昆虫種以上の線虫種がいる」と言えそうです。さらに河川や海洋といった水域の底で生活する生物たちを総称してベントスと呼びますが、そこに生活する自活性線虫の種数はいったいどれほどのものになるのでしょう（ほとんど研究の手が付けられていません）。

前口動物と後口動物

動物に共通した特徴として、①真核多細胞、②従属栄養（植物の光合成のように自分で栄養を作れないため餌に頼る）、③好気呼吸（酸素を使ってエネルギーを生産）、④動いて移動したり餌をとったりする（動物として一番の特徴です）、⑤有性生殖（異なる性がある）を行う、といった点が挙げられます。

そして、精子と卵子が受精した受精卵を胚《はい》と呼び、細胞分裂を進めて細胞数を増やしながら、組織分化と形態形成を進めて生物個体が出来上がるまでの過程を「胚発生」と呼びます。胚発生パターンは動物を分類するうえで重要な指標となり、どのグループから何が進化してきたかといった進化の方向性も見えてきます。

一細胞の受精卵がまず細胞分裂により細胞数を増やし、中空のボール状の細胞塊《さいぼうかい》が出来上がります。これを胞胚《ほうはい》と呼び、そのときにできた内部の空洞を胞胚腔《ほうはいこう》と呼びます。さらに細胞分裂を進めて数が増えると、胚のある部分の表層細胞が内部に向かって陥入《かんにゅう》し、これを「原腸《げんちょう》陥入」と呼びます。

陥入した表層細胞が胞胚腔内で管を形成し、陥入部で外側との出入り口になります。この管を「内胚葉《ないはいよう》」と呼び、動物個体ができるときの将来の消化管などがこれによって作られます。また、外側の細胞層を「外胚葉《がいはいよう》」と呼び、将来の皮膚、神経系などがここから作られます。外胚葉と内胚葉の二胚葉のまま形態形成が進み、生物個体が完成する動物グループが、クラゲやイソギンチャク、サンゴを含む「刺胞《しほう》動物門」と、クシクラゲ（クラゲの仲間ではない）を含む「有櫛《ゆうしつ》動物門」です。ほとんどの動物グループの体制であるボディプランは左右相称《そうしょう》（左半分と右半分が鏡像関係）となりますが、この二グループは放射相称です。肛門《こうもん》はなく、原腸陥入時にできた口が摂食と排泄《はいせつ》の両方の役割を兼任すると言われていました。ただし、少しマニアックな話として、有櫛動物が口とは別の穴から排泄している様子が観察されています。これは栄養摂取の効率化を目指して有櫛動物が独自に進化させた肛門ではないかとも言われています。

刺胞動物門や有櫛動物門よりもさらに原始的で、胚葉の分化もなく明瞭《めいりょう》な器官ももっていない「海綿《かいめん》動物門」や「平板《へいばん》動物門」というグループも存在します。

二胚葉となって以降、外胚葉と内胚葉の間にある空隙《くうげき》を体腔《たいこう》と呼び、この中に外胚葉あるいは内胚葉のどちらかの細胞から第三の胚葉である「中胚葉《ちゅうはいよう》」が作られます。中胚葉からは将来の筋肉、骨格、循環器などが作られます。

内胚葉から分化して消化管が形成される際に、一本のチューブとして入り口（口）と出口（肛門）を別々に作っておく必要がありますが、この消化管の出入り口のでき方の違いから、次のように二つのグループに分けられます。

●前口《ぜんこう》動物……原腸陥入部分にできた出入り口が、食べ物を摂食する「口」となり、不要物を排泄するための肛門が別のところにできるもの。節足動物門や軟体動物門、線形動物門といった多くの動物グループがこれに含まれる。

●後口《こうこう》動物……前口動物とは逆で、原腸陥入部分が肛門となり、口は別の場所にできるもの。我々ヒトを含む「脊索《せきさく》動物門」やウニやヒトデなどの「棘皮《きょくひ》動物門」がこれに含まれる。

ウニを人工授精させ、胚発生を観察する実験は昔から行われてきましたし、中学・高校の生物の教科書でも勉強します。線虫の胚発生パターンもまた、第二章で紹介した微分干《びぶんかん》渉《しょう》顕微鏡できれいに観察することができ、ウニ以上に詳細な胚発生研究が進められています。

土壌《どじょう》で生活する多くの自活性線虫の場合、受精から幼虫が孵化《ふか》するまで半日しかかからず、顕微鏡を使って無理なく連続観察が可能です。細胞分裂、組織分化、形態形成を制御する機構について、線虫を使えばその詳細がよくわかり、ほかの生物と比較することもできるようになります。

ウニと線虫を使った胚発生の研究は、ドイツの生物学者テオドール・ハインリヒ・ボヴェリ（一八六二〜一九一五年）の時代から現代まで続いています。分子遺伝学の実験手法の開発（遺伝子組み換え体作製、遺伝子ノックダウン、変異体解析と自由自在）、顕微鏡技術とDNA解析機器開発の進歩、そして世界中の研究者たちの成果をデジタルデータベースで共有するといった、研究技術や研究設備・環境の発展も、線虫の研究と表裏一体で進められてきました。

ハリガネムシとシヘンチュウ

線虫が属する前口動物をさらに大きく二つに分けることができるので、もう少しだけ特徴を紹介しながら分類してみましょう。

線形動物門や節足動物門で見られる特徴として、下皮細胞から分泌されたクチクラによって体が覆われていて、「脱皮《だっぴ》」をしながら成長するということが挙げられます。これらをそのまま「脱皮動物」と呼び、ほかにもクマムシが属する緩歩《かんぽ》動物門、ハリガネムシが属する類線形動物門が含まれます。前口動物の中には脱皮動物のほかにもう一つ、「冠輪《かんりん》動物」というグループがあります。この動物グループの特徴として、口のまわりを触手《しょくしゅ》で囲まれた触手冠《かん》を有していたり、あるいは発生段階のうち原腸陥入後にトロコフォア幼生という水中浮遊性ステージがあったりします。

脱皮動物の中には線形動物門のほかに、類線形動物門や緩歩動物門、そして圧倒的多数の既知種を有する節足動物門が含まれています。節足動物のクチクラはキチン質からなり、強固な外骨格として体を守っていること、体節《たいせつ》ユニットがブロックのように組み合わされて体が形成されている「体節構造」が大きな特徴です。緩歩動物門のクマムシの体も体節構造からなり、カギムシという名前のやはり体節構造をもつ生物が属する「有爪《ゆうそう》動物門」（このグループの生物は日本には生息していません）とともに節足動物の近縁として、三つの門は「汎《はん》節足動物」と言われています。約五億年前のカンブリア紀の地層から化石記録のあるハルキゲニアは、汎節足動物の共通の祖先であると考えられています。

そのほかの脱皮動物として「胴甲《どうこう》動物門」、「鰓曳《えらひき》動物門」、「動吻《どうふん》動物門」、そして「線形動物門」と「類線形動物門」が含まれています。線形動物と類線形動物はお互い見た目も似ている近縁なグループです。類線形動物はその名のとおり、線形動物に似ているところからその名が付けられ、日本では「ハリガネムシ」と呼ばれています。英語ではハリガネムシをホースヘアー・ワームといいますが、大体の種が一〇センチ以上にもなり、馬の毛のように細長く硬い質感のある見た目から、そう呼ばれるようになったことも納得がいきます。

水たまりや屋外プールなどの水中で、複数頭のハリガネムシが硬く絡《から》まって交尾《こうび》している様子が観察されることから、アレクサンドロス大王の伝説にも出てくる「ゴルディアスの結び目」を例にゴーディアン・ワームとも呼ばれています［図17］。

成虫《せいちゅう》はクチクラに覆われた細長いにょろにょろで、見た目はちょっと硬めの線虫といった感じですが、成虫になってからは摂食をしないので、腸としての機能はなく排泄もしません。神経系は備わっていて、頭部に線虫のような神経環を有しています。

カマキリのおしりから出てくるハリガネムシが一番有名かと思いますが、主にバッタ目《もく》の節足動物を宿主《しゅくしゅ》として栄養を取ったのち、脱出して水中生活を始める際に宿主を殺してしまうことから捕食《ほしょく》寄生（パラシトイド）と言われています。宿主と共生関係を確立した真の寄生とは異なり、どちらかというと「病原性」の分類に入れるべきです。三〇〇種以上が知られているうちのほとんどが淡水産で、カニやヤドカリといった海の節足動物から

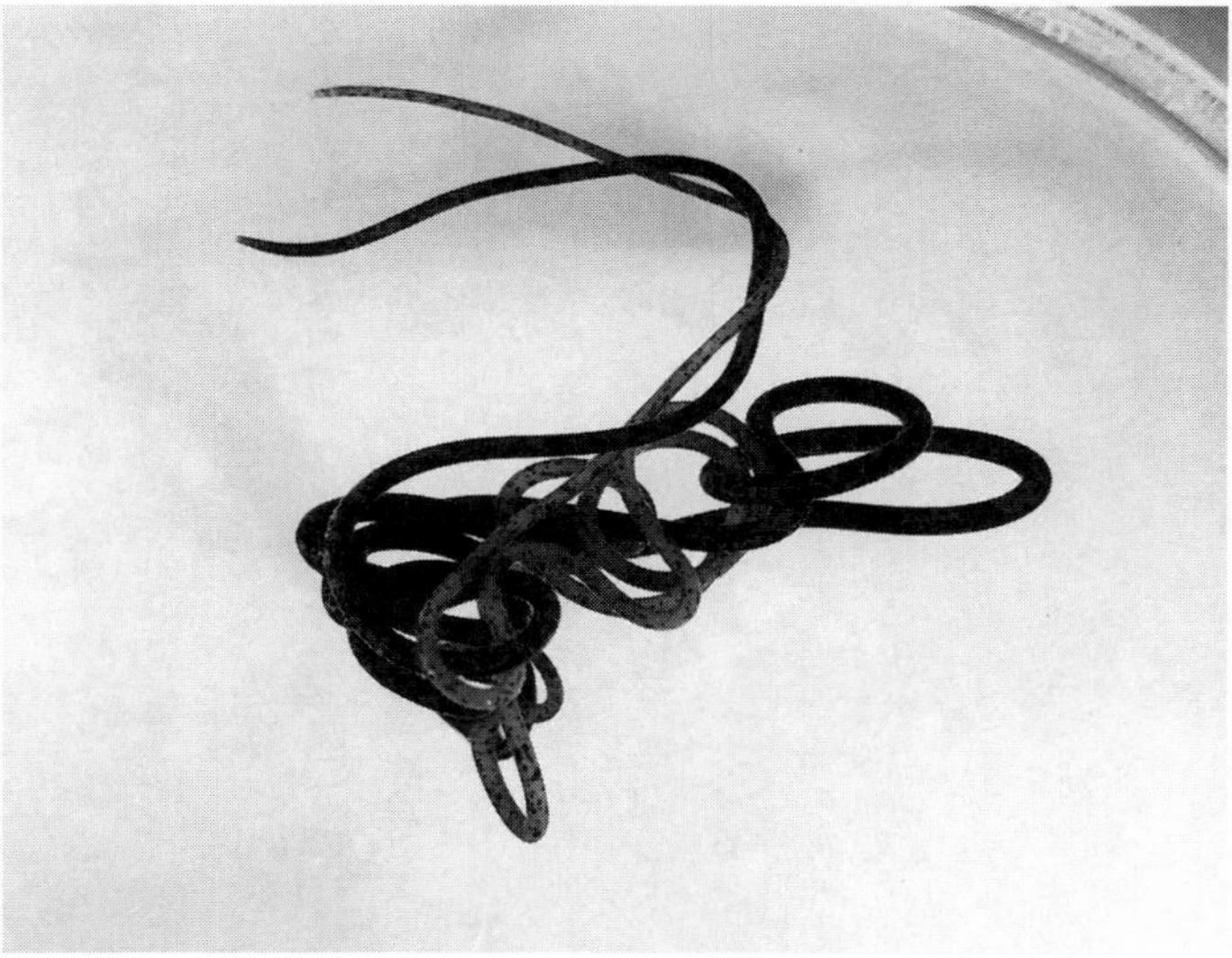

[図 17] 類線形動物ハリガネムシ。カマキリから出てきた２頭の雌雄が水中で絡まって交尾している

分離された海産ハリガネムシも報告されています。ハリガネムシとシヘンチュウはよく間違えられます。

ここまでの説明で、動物の世界を「門」という単位でグループ分けし、線虫と関連させながら各グループの特徴を見てきました。門のくくりがどういうものかを実感してもらうため、我々ヒトが属する「脊索動物門」の中身についても少し見ておきましょう。

哺乳類《ほにゅう》、鳥類、爬虫類《はちゅう》、両生類《りょうせい》、魚類をはじめ、ホヤやナメクジウオの仲間が脊索動物門に含まれます。脊索は原腸陥入期に中胚葉から作られ、頭から尻尾《しっぽ》まで体の前後に伸びる支持体となります。そして脊索が背中側の外胚葉に働きかけて神経索が誘導されることは、このグループに属する生物に共通しています。ホヤの成体は固着性で神経系が退化していますが、幼生はオタマジャクシのような形をして骨はないものの脊索が体の支持体となって泳ぎ回っていて、見た目からも私たちと同じ仲間だと納得がいくでしょう。

また、一見魚のように見えるナメクジウオは、骨格が発達することなく生涯にわたって脊索が体の支持体となり、頭骨やあごがありません。全身の骨が発達し、脊索の代わりに背骨（脊椎《せきつい》）が体の支持体となる動物が脊椎動物で、哺乳類、鳥類、爬虫類、両生類、魚類が含まれます。

共通性に基づいてグループ分けされているものの、門のグループ内でもまだまだ多様性が高いことがわかります。

奇跡の化石

線虫は線形動物門に属する生物で、真核多細胞、前口動物、脱皮動物、という特徴をもつグループであることを見てきました。カンブリア紀前のエディアカラ紀（約六億年前から五億年前）に、類線形動物門と分かれて線虫の祖先種が出現したと予測されてはいるものの、骨がないので化石記録が残りにくく、年代を示す直接的証拠がほとんどありません。

まれに数千万年前に生息していた虫（節足動物）入り琥珀《こはく》に、寄生性線虫も一緒に封入されていることがあります。また、スコットランドのライニーチャートから発掘された原始陸上植物アグラオフィトン・メジャーの化石は、組織の形が鮮明に残っている大変貴重な資料ですが、さらに気孔の中に五〇〇頭以上もの線虫とその卵が観察されたという奇跡の報告があります。

パレオネマ・フィティティカムと名付けられたこの線虫は、デボン紀前期（プラギアン、およそ四億年前）の生物であると推定され、記録に残る最古の線虫です。植物体内部に寄生しているように見えますが、淡水産自活性線虫の形態的特徴をもち、エノプリア亜綱《あこう》の分類群（線虫の分類は後述）に属す線虫の古い子孫であると考えられています。

前述したように、現存する線虫種は現在約三万種弱が記載され、推定百万種から最大一億種いるのではと見積もられているので、我々の知らない未知なる線虫種がまだこの世の中にたくさんいることに間違いありません。ひとまず、現在の既知種をもとに線形動物門全体の特徴を押さえるだけでも、魅力的な生物がたくさんいるグループだとわかってもらえるはずです。

四つのライフスタイル

まずは線虫のライフスタイルから、自由生活性（自活性：フリーリビング）、寄生性（パラシティック）、病原性（パソジェニック）、捕食性（プレデタリー）と大きく分けることができます。

［自活性］

自活性線虫は微生物や有機物を餌に増殖する、非寄生性・非病原性の線虫です。その多くが陸上の土壌中や水底といった比較的有機物が集まりやすく安定した環境に生息し、遠くに移動する際は動物を利用することが知られています。「自由生活」という言葉から、自由気ままに生活している線虫たち……といったイメージを抱きがちですが、生息環境にいつも最適な餌があるわけではなく、一見安定していそうな土壌環境であっても線虫にとってはやはりどこも過酷な環境のはずです。

例えば、土壌中であれば乾燥や増水、高温や低温、病原性微生物（線虫の病気）といったストレスに常にさらされながら、餌となる動物の死体や糞《ふん》、そして植物のフルーツなどが地面に落ちてくるチャンスを待っているのです。こういった厳しい環境でも耐えることのできる仕組みについては、次章で説明します。

天からの贈り物であるうんこや果実を、ただただ運任せに待っているだけではなく、より確実に餌にありつけるよう行動を進化させた自活性線虫も多くいます。例えば、動物の糞や死体がある場所まで確実に運んでくれる乗り物「糞虫《ふんちゅう》」との関係性を確立した、糞虫便乗性《びんじょうせい》線虫が知られています。センチコガネやエンマコガネなどの体にくっついて、糞虫の餌場かつ産卵場所（つまり動物の死体や糞塊《ふんかい》）に運んでもらうのです［図18］。

糞虫の体から降りた線虫は、動物の死体や糞、そしてそこに増殖する細菌を餌に増殖します。糞虫は糞を食べながら成長し、場合によってはそこに産卵します。新たな餌場あるいは産卵場所となる新鮮な糞を目指して飛び立とうとするころに、ひとしきり増殖した線虫もまた糞虫に乗り込みます。糞虫は地域によって生息する種が異なりますが、ある種の線虫はさまざまな糞虫種を乗り継ぎながら、日本全国に広がっていったことが確認されています。

ほかの生物を移動手段として利用する生態を便乗性（フォレシー）と呼び、特に昆虫便乗性の線虫種はたくさん知られています。共生関係の一形態であり、片利共生《へんりきょうせい》であると考えられます。片利共生とは、異なる生物種間で何らかの相互関係が繰り広げられている場合、どちらか片方だけが利益を得ている関係のことを指します。共生に関しては第六章で詳述します。

なお、第八章で紹介するマツノザイセンチュウも昆虫便乗性線虫です。マツノザイセンチュウは原産地である北米の森林環境下で、生態系のバランスを崩すことなく生活していましたが、ヒトの経済活動のグローバル化により東アジアやヨーロッパに拡散してしまい、世界的森林病害線虫となってしまったという例もあります。

何らかのきっかけで昆虫の体にくっつき、そのまま昆虫が死ぬまでずっとへばりつき、死んだあとその死体を食べて増殖するネクロメニーの行動を進化させた線虫種もいます。この場合、昆虫を積極的に殺そうとはせず、ただただへばりついて辛抱強く宿主が死ぬのを待っているだけですが、積極的に殺すことができれば、より早く餌にありつけてより早く成長し増殖できます。このような特徴を獲得したものが、共生細菌を利用して殺虫する昆虫病原性《こんちゅうびょうげんせい》線虫であり（第六章で詳述）、自活性からネクロメニーを経て昆虫病原性が進

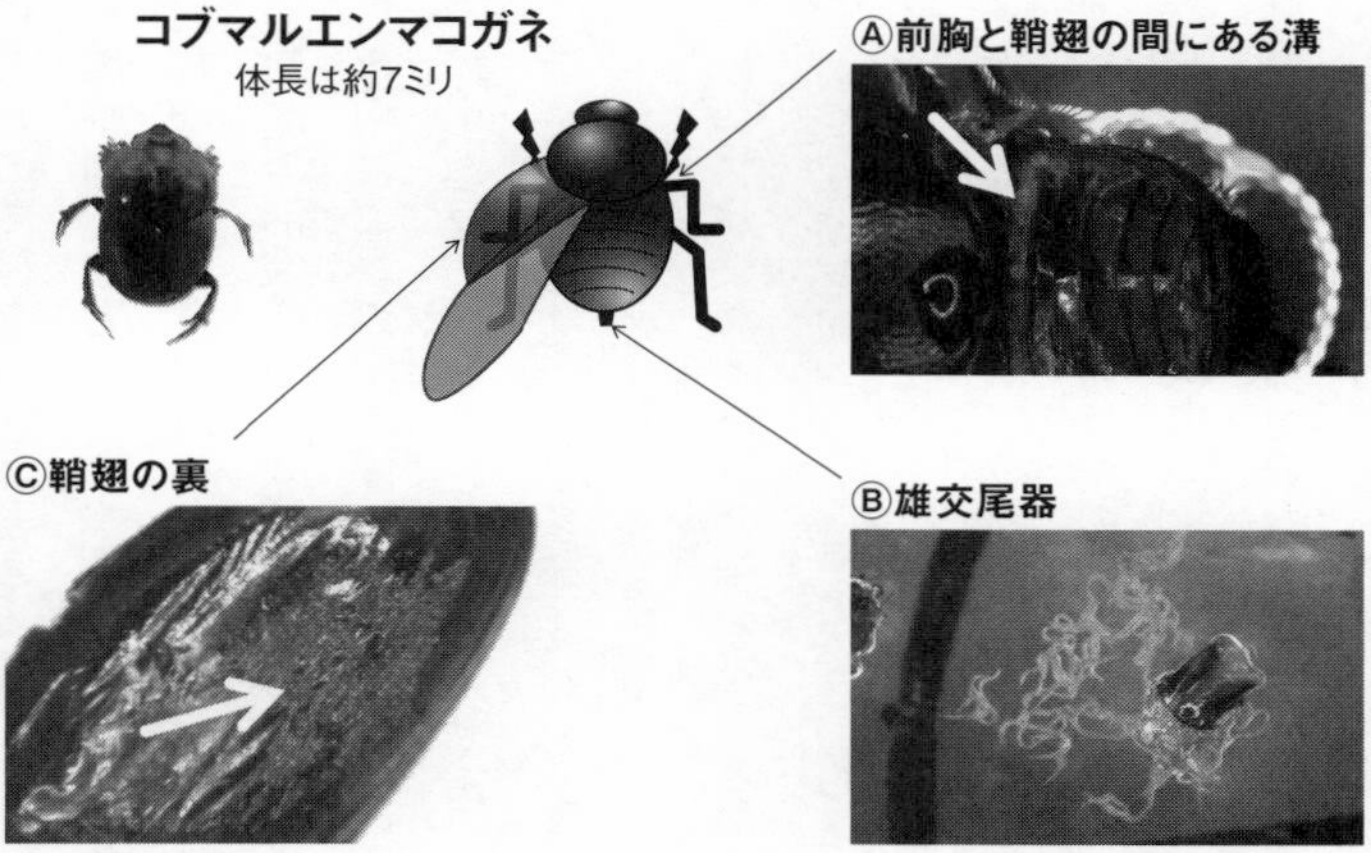

［図 18］糞虫便乗性線虫はコブマルエンマコガネなどの糞虫の体にくっついて、うんこからうんこへと運ばれる。Ⓐ糞虫の前胸と鞘翅の間にある溝に線虫が詰まっている。Ⓑ糞虫の雄の交尾器を抜き取ると、中から線虫がたくさん出てくる。Ⓒ鞘翅の裏を見てみると、線虫がたくさんへばりついている

化したのではないかと考えられています。

海や川や池といった水圏を主な生息地とする線虫もいて、そこに水生生物寄生性線虫もいれば、自活性線虫もたくさんいます。すべての生物がそうであるように、すべての線虫も海産自活性線虫を共通の祖先として進化してきたと考えられています。

水中にぷかぷかと浮いている線虫はほとんどいないので、水をすくって調べてもなかなか線虫を見つけることはできません。水の底にある堆積物《たいせき》（砂や泥）の中や、岩の上のサンゴや海藻《かいそう》の表面に、線虫をはじめとする多くの生物が住んでいて、これらを底生生物《ていせい》（ベントス）と言います。

サンプリングネットで集めたときに、一ミリメッシュを通り抜け四五マイクロメッシュで捕獲できるサイズの生物を「メイオベントス」、一ミリ以上のものを「マクロベントス」、そして四五マイクロ以下の小さなものを「ミクロベントス」と区別します。メイオベントスには非常に多くの動物門が見られ、そのうち線虫が最大九九パーセントを占めると言われるくらいほかの生物を圧倒しています。

なかでも海産線虫「マリン・ネマトーダ」は、頭部感覚器官のアンフィドや感覚毛が発達していたり、流されないよう付着する器官を有していたりと、形態的な特徴がたくさん見られるので観察していて楽しくなります。

　また、プレートの境界や火山活動が活発な深海には、熱水噴出孔と呼ばれる亀裂《きれつ》がいくつもあり、硫化《りゅうか》水素や重金属を多く含む熱水が噴出しています。太陽の光が届かないこの「極限環境」には、硫化水素や重金属を利用して生活する古細菌および真正細菌が繁殖し、これら細菌を有機物栄養源として利用する生物たちが集まる独特の生態系が成り立っています。そこにもやはり多くの線虫が確認されていて、線虫体表面や粘液分泌腺《ぶんぴつせん》に細菌を共生させ、それらを餌にしながら生活しているのではないかと考えられています。

海産自活性線虫について、だれもが注目しなければならないほど大きく差し迫ったインパクトは今のところ知られておらず、培養も困難であるため研究がほとんど進んでいません。したがってわからないことだらけです。しかし種数・量ともに膨大である線虫の存在は、海洋生態系の基盤の一部をなしていると言えるでしょう。

　現代社会の抱える難しい国際関係に対応しながら、世界人口の増加、あるいは先進諸国での少子高齢化を対処していくうえで、海底油田やメタンハイドレートといった海洋エネルギー資源にますます大きく頼らざるを得ないかもしれません。重金属を多く含む熱水噴出孔は、豊富な鉱床《こうしょう》として注目されていますし、深海資源として認識されているマンガン団塊《だんかい》（多金属団塊）も、生物と無機物との相互作用により数千万年もの年月を経て生成されるとも言われています。こういった資源を採掘するときは当然、底生生物たちが住む環境を大きく損傷させてしまいます。

線虫が環境の健全度合いを示してくれる「指標生物」として利用できないかとのアイディアは以前からあり、そういった目的の研究が少しずつですが進められています。

[寄生性]

動物・植物寄生性線虫も、自活性であった祖先種が何かの拍子にほかの生物体内に侵入し、寄生性が進化したと言われています。

体内に入ってくる線虫は宿主にとって排除すべき「異物」であり、免疫機構をはじめとする各種防衛反応により侵入者をやっつけようとしますが、それらをうまくかいくぐる術《すべ》を獲得した線虫は、そのまま宿主体内にとどまることができるようになりました。宿主から栄養を取りつくして弱らせたり死に追いやったりするよりは、せっかく苦労して見つけた居心地のよい住処《すみか》ですから、なるべく長く住めないかと宿主と共存できる術を発達させてきました。

宿主の免疫機構を回避したりうまく栄養を獲得したりする術を身につければ、餌を奪い合ったりする敵もおらず環境も安定していて、宿主体内は思ったよりも快適なのかもしれません。その過程で宿主も寛容になったようで、寄生性線虫をそのまま体内に住まわせるようになり、そしてそれ以降、宿主と寄生性線虫の「共生体」として、環境変化への適応や資源争いといった生存競争をかいくぐり一緒に進化してきました。場合によっては、一世代を回す際に二種類以上の生物に乗り移って寄生しながら成長する線虫もいます。具体的な寄生性線虫種については、このあとたくさん紹介していきます。

［病原性］

宿主体内に侵入して栄養を収奪し、宿主の健康に不具合を生じさせ、場合によっては死に至らしめる生態です。第一章で紹介したシヘンチュウや第六章に登場する昆虫病原性線虫が節足動物にとっての病原性線虫に該当します。また、オンコセルカ症や象皮《ぞうひ》病を発症させる回旋糸状虫やバンクロフト糸状虫は、ヒトに深刻な病徴《びょうちょう》を引き起こすヒト病原性線虫です。さらに、第四章で出てくるアニサキスは、本来の宿主である海産哺乳類には病原性をもたない寄生性線虫ですが、本来の宿主でないヒトの体内に入ってしまうことでアニサキス症を発症させるヒト病原性線虫です。第八章で紹介する農作物やマツの木を枯死させるシストセンチュウやマツノザイセンチュウは植物寄生性線虫でもあり、病原性線虫でもあります。寄生性と病原性は線虫学の一番面白いテーマであり、本書を通してじっくり考えてもらうことになります。

［捕食性］

捕食性線虫は成虫で数ミリほどになり、土壌から分離される線虫としては大型です。土壌中の微小動物、クマムシやトビムシそして自分よりも体の小さな自活性線虫を捕食します。大きな口と牙《きば》を使ってむしゃむしゃ食べるもの、大きな針を相手の体に刺して体液を吸収するものが知られています。

自活性線虫が増殖するシャーレの中に捕食性線虫を投入してみると、次々と自活性線虫がかじられる惨状を観察できます。細菌食性と捕食性と、栄養状態によって食性を変える線虫種もいます。

線虫の進化

最後に、線形動物門全体の分類体系を紹介します。

形態の類似性を指標としたかつての分類体系は、リボソームＲＮＡ遺伝子の配列の類似性をもとにした分子系統解析によって一九九八年に大きく改訂され、以来少しずつ修正が重ねられてきています。グループ間におけるサンプル数の偏りがあるものの、年を追うごとに研究対象となる線虫種数と遺伝子の種類が増えてゆき、また線虫種の全ゲノムおよび

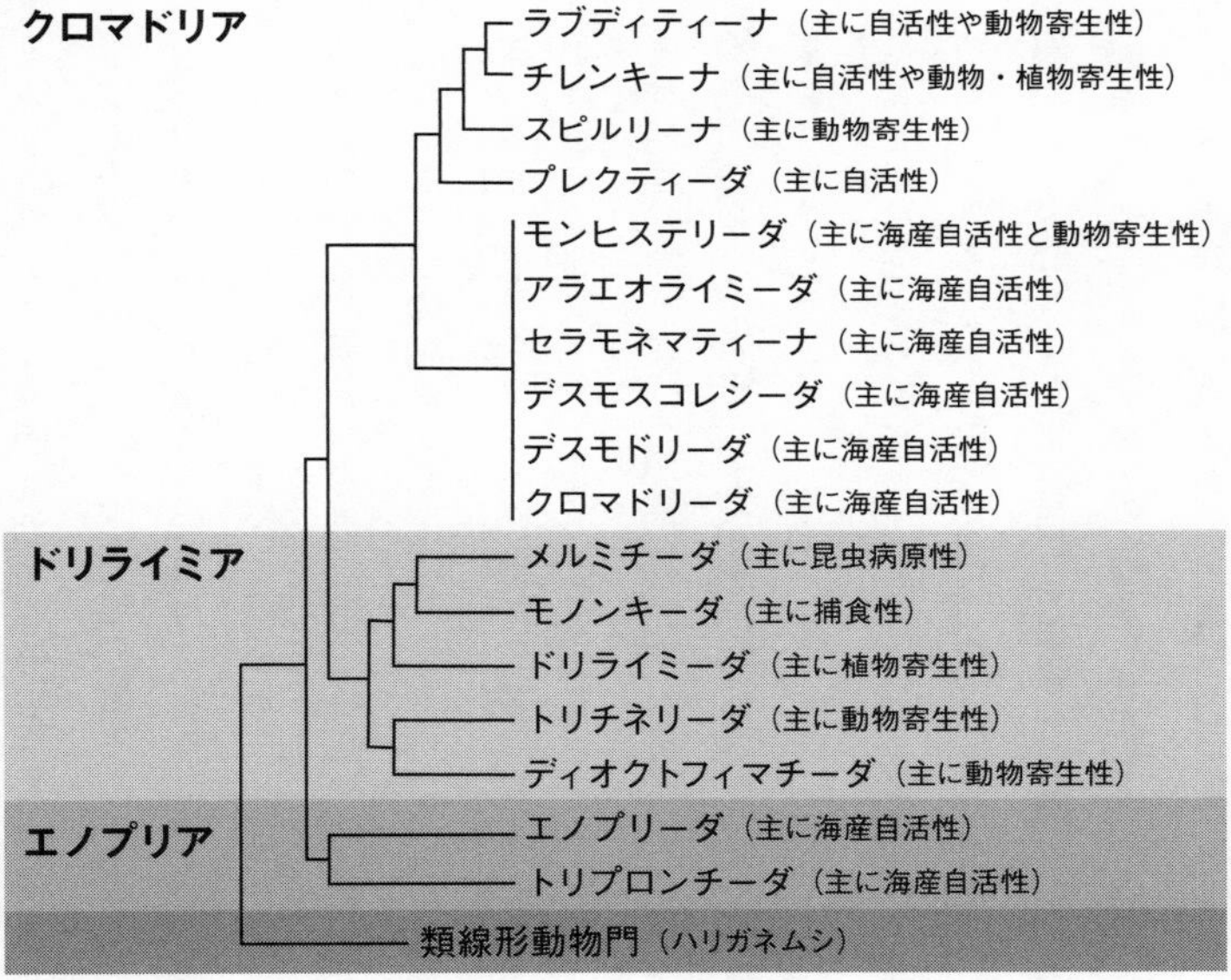

[図 19] 線形動物門の分子系統樹。研究対象の線虫種がどのグループに属しているのかを知ることで、その特徴となる形態や生態がどのように進化してきたのかを推測することができる

ミトコンドリアゲノムの配列も取得しやすくなり、全体にわたってデータベースが充実してきました。

形態分類が主だったころに名付けられた分類名を今でも踏襲《とうしゅう》しているので、門の下位分類グループである綱《こう》と、さらに綱の下の目《もく》の基準がちぐはぐになったままですが、いくつかの論文をもとに目レベルまでの系統樹を作成してみました［図19］。目の下に亜目《あもく》を使う場合があり、目の場合の語尾は「ーダ」、亜目の場合の語尾は「ナ」になっています。

線形動物「門」はかつて二つの「綱」に分けられていましたが、分子系統解析によってまずは三つの亜綱、「エノプリア」「ドリライミア」「クロマドリア」に大きく分けられています。エノプリアがほかの線虫から最初に分岐していること、そしてエノプリアに属する線虫種の多くが海産および淡水産自活性線虫であることからも、最も古い分類群であることがわかります。

次に分岐するドリライミアの中には、オオハリセンチュウ（ジフィネマ属）やナガハリセンチュウ（ロンギドルス属）といった、植物病原体ウイルスを媒介する重要な農業病害線虫が属する「ドリライミーダ目」、昆虫病原性のシヘンチュウが属する「メルミチーダ目」、毛細線虫（キャピラリア属）や鞭虫（トリチュリス属）といった動物寄生性線虫が属する「トリチネリーダ目」が含まれています。

三番目のクロマドリアは海産自活性から動植物寄生性に至るまで、多岐にわたる生態を擁する線虫グループです。ラブディティーナ亜目、チレンキーナ亜目、スピルリーナ亜目、プレクティーダ目ときれいに分かれていますが、海産自活性線虫を含むその他のグループについての詳細分類は未完成で横並びにしています。

寄生性は自活性から進化したと説明しましたが、線形動物門全体を示した系統樹を見てみると、各分類群で寄生性が独自に進化したことがわかります。これからさまざまな線虫について紹介していきますが、どの分類群に属しているのかを確認しながら読んでいくことをお勧めします。

第四章

「生物の基本原理」に迫る

スペシャリストとジェネラリスト

本章では、自活性から寄生性、そして病原性と、生態は異なるものの線虫に共通するライフサイクルの基本について紹介していきます。自活性線虫は培養《ばいよう》しやすいため実験が進みやすく、したがって線虫の枠を超えた「生物の基本原理」に迫る研究が展開できることを知ってもらいます。また、寄生性および病原性線虫を対象とする研究は、生物間関係の面白い世界が待っていますが、生態を理解するために押さえるべきポイント、実験を遂行するうえで考慮しなければならないポイントをいくつか紹介していきます。

寄生性線虫は、宿主《しゅくしゅ》動物および植物の体内に侵入し、住処《すみか》と栄養を提供してもらうことで成長し増殖します。宿主が弱ったり死んだりするまで、栄養を搾取《さくしゅ》しつくすのも一つの戦略でしょう。また、相手に拒《こば》まれないよう、相手を困らせないよう、宿主のことに配慮しながらできるだけ長く快適に居させてもらうように工夫するのも賢い方法でしょう。

宿主体内に入りやすいよう、そこで成長・増殖しやすいよう、寄生性線虫は自分のライフサイクルを宿主の生態や成長に合わせる必要があります。自身の成長と子孫の繁栄を百パーセント宿主に依存している寄生性線虫種もいれば、その宿主がいなくてもひとまず生活できる種もいて、そして替わりの宿主がほかにもたくさんいる場合もあります。

前者は特定の宿主のみとの関係を確立させ、その宿主としかうまくやっていけないスペシャリストです。ほかの宿主と関係を持とうとしてもうまくいかず、宿主が苦しむだけでなく線虫自身も成長できずに死んでしまうことがほとんどです。スペシャリストがほかの宿主と関係をもとうとしたところで、ともに不幸になってしまうパターンが多いのです。

一方で、さまざまな宿主に広く寄生できるジェネラリストは、相手を乗り換えることで自分の生息域を拡大していくことが可能です。特定の場所にしか生息できない宿主に寄生していた線虫は、その特定の場所から離れることなく一生を終え、またその子孫もその限られた地域で過ごすことになるでしょう。ところがあるとき、何かのきっかけでさまざまな場所でも生活できる宿主に乗り換えたとしたら、その後いろいろな場所に連れていってくれそうです。

とある森でしか生息していなかった寄生性線虫が、あるときパートナーを変えてみると、生きる世界が一気に広がっていく……。このような関係性の例として、世界中に拡散して定着するゴキブリとその寄生性線虫が挙げられます。

宿主は実験室で培養

宿主と寄生性線虫との関係について深く研究をしようと考えた際、宿主がいなければ生活できない「絶対寄生性」線虫であれば、実験室で宿主を培養できるかあるいは野外で容易に入手可能かを見極める必要があります［図20］。

ヤスデは実験室で培養が難しく、ババヤスデ科の場合はライフサイクルが数年と長いものの、比較的容易に採集ができるので、ヤスデ寄生性線虫の研究はそれなりに進みそうです。

ババヤスデ科ヤスデはUVライトを当てると蛍光《けいこう》を発するので［図21］、夜間に林床《りんしょう》をUVライトで照らしながら森の中を散策すると、徘徊《はいかい》する個体がキラキラと輝いてとてもきれいです。ババヤスデ科ヤスデは容易に、しかも楽しく採集できます。

カエルやイモリも野外で採集しやすく、実験室にて飼育も可能ですが、解剖するのが少し大変です。そういった点からも、ゴキブリ寄生性線虫は絶対寄生性でありながら宿主を容易に大量培養できるので、いつでも好きなだけ線虫を手に入れることができます。

ヒトや農作物などに病気を引き起こして大問題となっている線虫に対しては、何とかして早急に解決しなければならないので、「培養しやすいか」「実験しやすいか」などと悠《ゆう》長《ちょう》なことを言っていられません。その場合は、その対象生物と「近縁あるいは類似点が多く」て「培養しやすい」、つまり「実験しやすい」種を見つけられるかどうかが大切なポイントとなります。本来の目的生物の代替となる生物をモデル実験生物と言い、実験しや

[図 20] ①寒天培地などにカビや大腸菌を植えつけ、それらを餌に培養可能な線虫は、インキュベーター内で飼育。②ヤスデは培養が難しいので、ヤスデ寄生性線虫を研究する際はシーズンになるとサンプリングが必要。③アカハライモリは採集しやすく（保護されて採集禁止となっている場所もあるので注意）飼育も容易なので寄生性線虫の研究が比較的容易。④オガサワラゴキブリはあまり手をかけずに飼育でき、しかも成長と増殖が早いので寄生性線虫の研究を進めやすい宿主

すければ結果もどんどん出てきます。そこで得られた結果を目的生物に当てはめていく作戦です。

一方、土壌《どじょう》で生活する自活性線虫の場合は、果実や動物の死体といった有機物に加えてそこで増殖する細菌を餌《えさ》に増殖しますが、常に餌を得られるわけではありません。普段は空腹に耐えながら、温度変化や乾燥に耐えながら、いつ来るかわからないチャンスを待ち、そしてその機会を得たときには一気に成長・増殖する必要があるのです。

自活性土壌線虫の多くが雌雄同体《しゆうどうたい》で、最適条件下で培養すれば幼虫から成虫《せいちゅう》となるまで二、三日です。雌雄同体であれば一頭の成虫から数百個の卵を産みます。そのため、培地《ばいち》はあっという間に線虫だらけになります。好機を逃さぬよう、あっという間に増殖しますが、あっという間に餌も食べつくしてしまうので、子孫を生き長らえさせるため、空腹に耐えながら次に備えることになります。つまり、次の餌のチャンスを待つことになります。空腹に耐えることのできる仕組みが備わっていることは、実験室でしばらくほったらかしても大丈夫な「飼いやすさ」に加え、遺伝子および進化の観点から、「動物のカロリー制限と寿命延長との関係」を解明する成果にもつながりました（寿命についての内容は本書で説明する機会がなかったので、いつかまたの機会に）。

なお、第一章冒頭で紹介したシヘンチュウの場合、ライフサイクルはおよそ三年、再現

［図 21］ミドリババヤスデに UV ライトを当てると、青い蛍光を発する

性を確認するために繰り返し実験を行いたいときなどは、長い長い時間を要するので学生の研究のテーマとしてもふさわしくありません。

寄生性か自活性か、生態に違いがあったとしても、線虫の幼虫から成虫となる成長パターンの基本は共通しているので、自活性線虫の代表としてセノラブディティス・エレガンス（エレガンス）を例に、そのライフサイクルを見ていきます。クロマドリア亜綱ラブディティーナ亜目に属するこの線虫種は、「生物のモデル」として実験に使用されている線虫です。また、寄生性線虫の例として同じくクロマドリア亜綱スピルリーナ亜目に属するゴキブリ寄生性線虫レイディネマ・アペンディキュラータムとアニサキス線虫について、それぞれのライフサイクルを紹介しながら寄生生活を見ていきたいと思います。

ゴキブリ寄生性線虫は実験が進めやすいため、その詳細がよく調べられている寄生性線虫です。アニサキスは毎年日本でも食中毒症例の報告が後を絶たない、よく知られている身近な寄生性線虫ですが、そのライフサイクルは複雑で長い時間を要するので不明な点が多々あります。

自活性線虫のライフサイクル

精子と卵子を自前で作ることができる雌雄同体線虫は、雄《おす》と交尾《こうび》することなく一個体から次世代を産むことができます（線虫の性と生殖については次の章で説明します）。自活性土壌線虫エレガンスを例に挙げながら、雌雄同体線虫のライフサイクルを紹介していきましょう。

多くの自活性線虫は卵生《らんせい》で、交尾を終えた雌成虫《めすせいちゅう》あるいは成熟した雌雄同体が受精卵をポコポコと産み落としていきます。卵からかえった第一期幼虫はおよそ二五〇マイクロメートルの大きさで、すぐに餌を食べはじめ、体を大きくさせながら生殖巣《せいしょくそう》を発達させ性成熟します。エレガンスの場合、寒天《かんてん》培地に撒《ま》かれた大腸菌を餌に摂氏二二度で培養すると、第一期幼虫から四回の脱皮《だっぴ》を経て約四〇時間後に成虫となります。成虫になったばかりの若齢成虫の体長はおよそ一ミリで、成熟した二本の生殖巣が陰門《いんもん》を境に前後に配置され、腸に巻き付いています。引き続き餌を食べ続けながら子宮サイズを大きくし、成虫になっておよそ八時間後に受精卵を産み始めます［図22］。

生殖巣と子宮の間にある貯精嚢《ちょせいのう》という袋の中には自分で作った「精子」が入っていて、成熟した卵子が順番に貯精嚢を通り受精が行われ、受精卵が子宮へと移動します。子宮内には数十個の受精卵が保持されているため、産卵途中の成熟した雌雄同体成虫であることが見た目でもよくわかります。

また、自前で作った精子の数が生殖巣一本あたり一五〇個と決まっていて、すべての精子を受精させて消費してしまったあとは、しばらく未受精卵を産み続けます。つまり雌雄同体一個体から自家受精《じかじゅせい》により約三〇〇個の卵を産むことができます。

受精卵は硬い卵殻《らんかく》に覆《おお》われているので丈夫で形もはっきりしていますが、未受精卵は卵殻が形成されないため輪郭がはっきりしておらず、線虫がその上を這《は》うとつぶれてしまいます。貯精嚢を通った受精卵は二～三時間子宮内にとどまり、陰門から順番に産み落とされます。

細胞分裂（胚《はい》発生）が進み、第一期幼虫となって孵化《ふか》します。一細胞から第一期幼虫が孵化するまでおよそ一三時間です。すなわち、一つの受精卵が三日後には成虫となり三〇〇個の卵を産み、さらに卵からかえった個体は三日後に各々三〇〇個の卵を産みます。一頭からn世代後には三〇〇のn乗個体（300^n）といったように、指数関数的増殖であることがわかります［図23］。

線虫は多細胞動物ですが、このような特徴をもつ自活性線虫は、細菌や酵母《こうぼ》、ゾウリムシといった分裂してどんどん増殖する単細胞生物みたいだと思いませんか？　これを増殖型サイクルと言って「適温」（エレガンスだと二〇度前後）で「餌が十分ある」条件下で旺盛《おうせい》な増殖が進められます。前述したとおり、自然環境はとても厳しいはずで、普段は餌がないばかりか温度変化や乾燥といったストレスに「耐えている」状況が普通なのです。

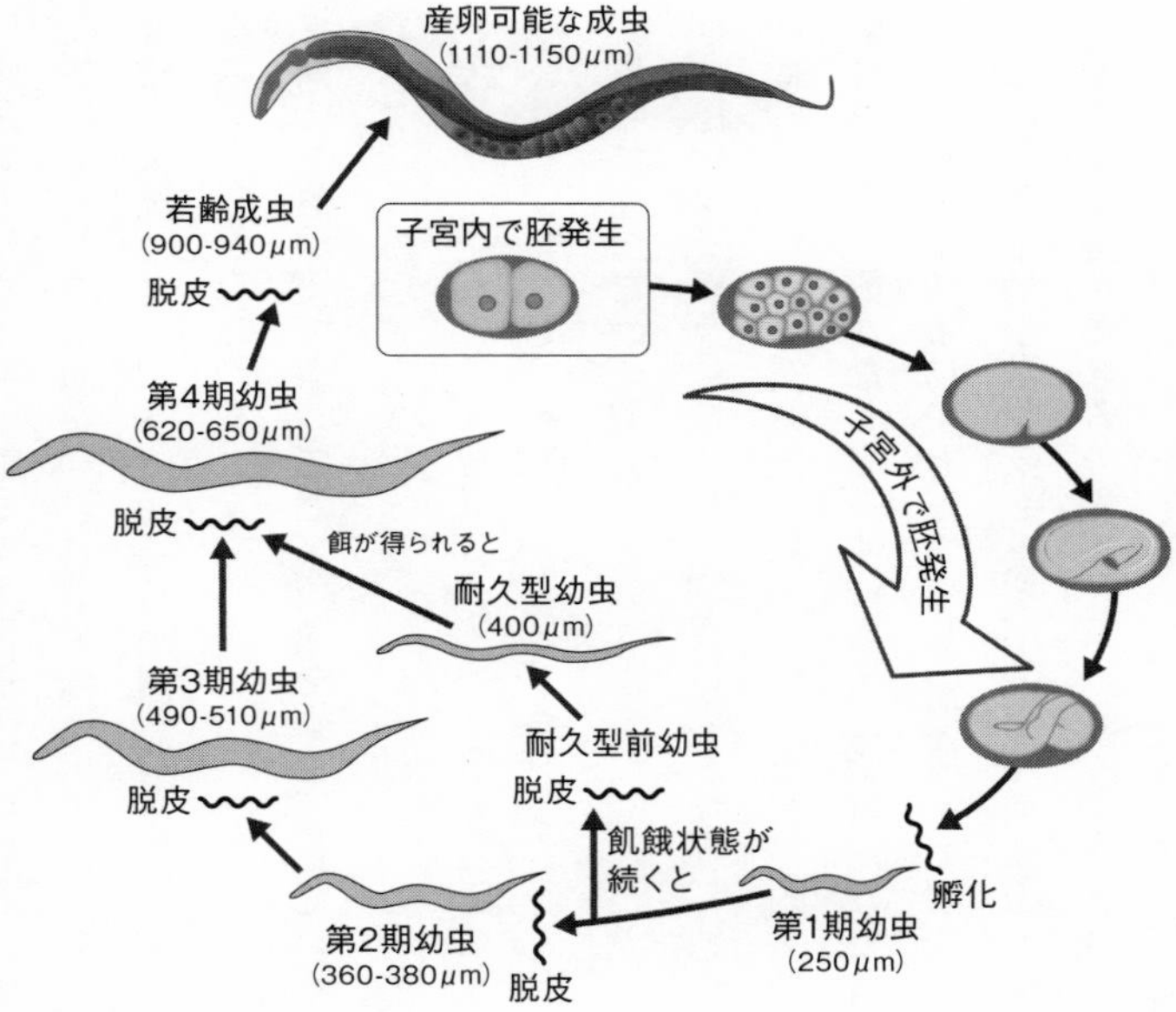

[図 22] エレガンスのライフサイクル。実験で使用する野生株（世界標準株、通称 N2 株）はクローンであり、培養条件がそろえば成長速度、サイズ、産卵数は一定になる。受精直後の卵を得たい場合、成虫の子宮を裂いて取り出すことができる

増殖型サイクルは、餌がある環境下で爆発的に個体数を増やすことができますが、熱や乾燥に弱く、また餌がなければ栄養不足で死んでしまいます。厳しい環境のほうがむしろ普段の状況であり、そういった環境で生き残るために耐久型幼虫（ダウアー）という特殊なステージが備わっています。

餌のある環境であっても、増殖を繰り返していくうちに線虫個体密度が高くなり餌も消費してなくなってしまいます。第一期幼虫のときに、個体密度が高いことをお互いの体臭濃度（フェロモン濃度、第五章で紹介）が高くなることで感知し、あるいは口にできる餌がなくなってしまったことがわかると、脱皮して耐久型前第二期幼虫となり、その後もう一度脱皮して完全な耐久型幼虫となります。このとき、体の成長と生殖巣の発達はほぼ見られず、厚いクチクラに覆われた細長い形となり、糖を使ってエネルギーを作る代謝から、体内に貯蔵された脂質を使う代謝となります。耐久型幼虫になれば高温や乾燥に対する高い耐性を備え、餌がなくても体に蓄《たくわ》えた脂質だけで数か月間は生き残ることができます。

かくして耐久型幼虫として厳しい環境下で耐え忍び、そして餌にありつくことができた際には耐久型幼虫は脱皮して増殖型第四期幼虫となり、成虫へと成長したのち再び個体数を増やすことができるのです。

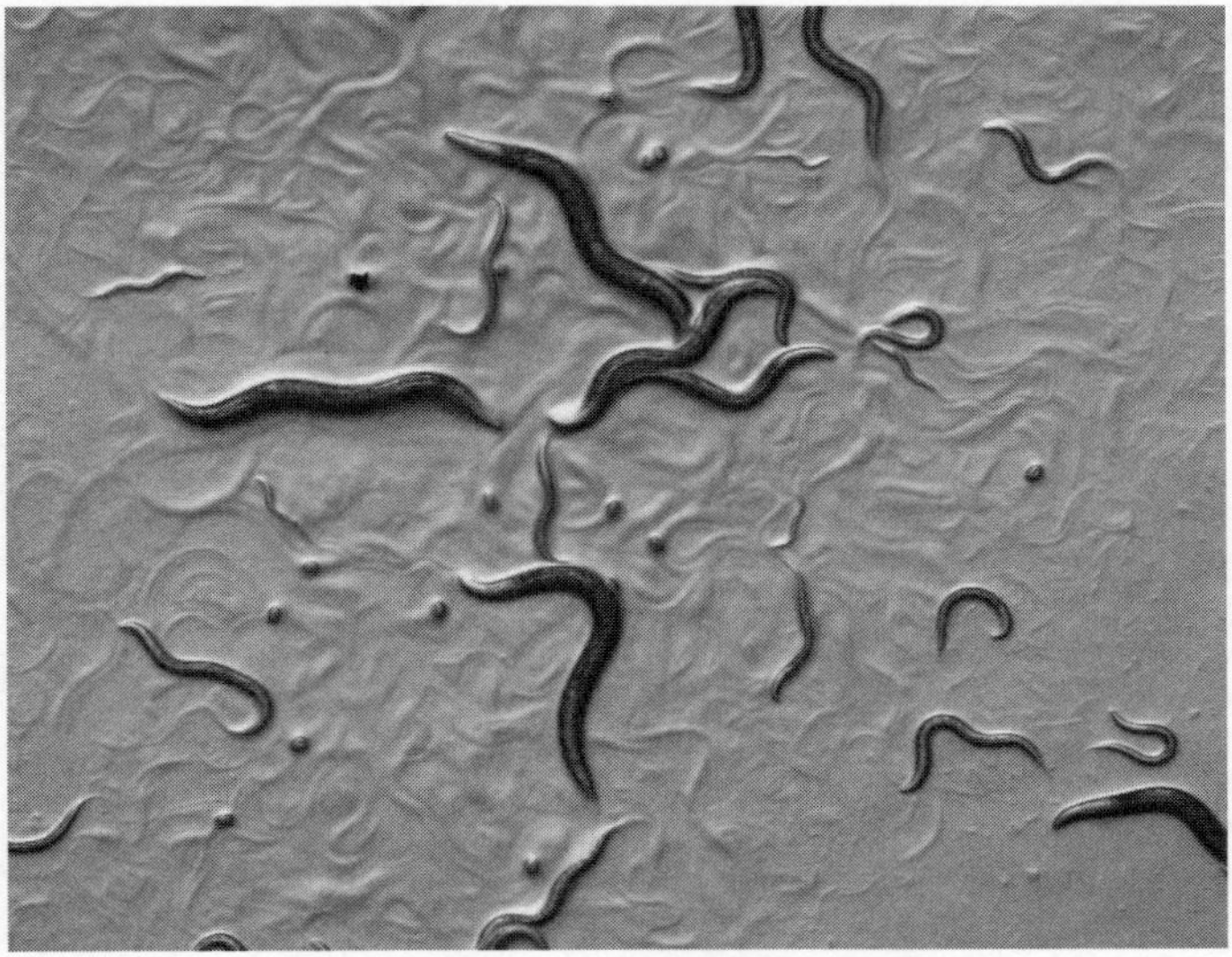

[図 23] 寒天培地上で増殖するエレガンス。卵から幼虫（第 1 期から第 4 期）、そして成虫までそろっていて、慣れてきたらステージの区別ができるようになる

卵から個体ができるまで

二〇〇二年のノーベル生理学・医学賞は、「器官発生とプログラム細胞死の遺伝子制御メカニズムの発見」の功績に対して、シドニー・ブレナー（一九二七〜二〇一九年）、ジョン・サルストン（一九四二〜二〇一八年）、ロバート・ホービッツ（一九四七年〜）の三名の研究者に授与されました。線虫エレガンスを実験材料に、一細胞の受精卵が細胞分裂を繰り返して数を増やし、組織・器官を分化させながら動物個体ができるまでの遺伝子制御メカニズムの一端を明らかにしたのです。

マツ材線虫病《ざいせんちゅうびょう》（マツ枯れ病）の病原体であるマツノザイセンチュウを実験材料に、個体発生の遺伝子制御機構を明らかにすればマツ材線虫病も制御できるのではないかと、サルストンの真似《まね》をして卒業研究に取り組んでいた私は、彼らの受賞に大変刺激を受けていました。どうにかして自分もノーベル賞がとれないものか、ノーベル賞をとったら賞金を何に使おうか、深夜の実験室で友人や先輩たちと真剣に語りあったものでした。

染色や切片作成といった手間のかかる前処理をしなくとも、微分干渉《びぶんかんしょう》顕微鏡で線虫の体の内部構造を観察することが可能なことを前述しました。細胞が小さくてその境が不明《ふめい》瞭《りょう》であっても、核の形が丸くはっきり確認できるので、体の各パーツを細胞レベルで区別できます。さらに、受精直後の線虫卵を集めることができれば、一細胞の受精卵が細胞分裂して線虫の形ができるまでの様子を連続的に観察できます。

宿主体内でしか成長・成熟することができない絶対寄生性線虫であっても、動物個体ができるまでの細胞分裂がスライドグラス上で進むことが多くあります。受精卵から第一期幼虫が孵化するまで、およそ一三時間で観察を終了できるエレガンスを題材に、線虫の胚発生についてもう少し詳しく見ていきましょう。線虫の細胞分裂に関する動画については、WORMATLAS《ワームアトラス》（https://www.wormatlas.org/）というデータベースで見ることができます。

減数分裂前期（相同《そうどう》染色体が対合して乗り換えが終わったあと）でストップしたままの卵子は、受精することで減数分裂を完成させます。減数分裂により、二倍体から半数体へと数を減らします。精子はすでに減数分裂を完了していて半数体です。受精後しばらくして精子由来の雄性前核《ゆうせいぜんかく》と卵子由来の雌性《しせい》前核が現れ、中央に移動して二つの前核が融合して二倍体の細胞となり胚発生がスタートします。

ここまでの様子は線虫もヒトも、大体の動物に共通しています。卵殻に囲まれたスペース内で分裂を繰り返して数を増やしていくので、細胞の大きさもどんどん小さくなっていきます。また、一細胞が二細胞になる第一分裂は大きな細胞と小さな細胞とに分かれる不等割であり、細胞質にはそれぞれ異なる情報が詰まっていて、その後の分裂でどんな組織を構成する細胞がそこから分裂して現れるかが決まります。

　胚発生パターンは、動物を分類するうえで指標となることは前述しました。胞胚《ほうはい》期を過ぎてから細胞が動き始め、原腸陥入《げんちょうかんにゅう》が観察できますが、エレガンスではわずか二六細胞期のときに始まります。胚内部へと移動していく二つの細胞が内胚葉《ないはいよう》となって将来の腸となり、この陥入部分が食べ物を摂食《せっしょく》する「口」となるので、線虫は前口《ぜんこう》動物の仲間なのです。

　外胚葉《がいはいよう》組織からは下皮《かひ》や神経が、内胚葉組織から腸が、中胚葉《ちゅうはいよう》組織から筋肉が、それぞれ器官が分化します。孵化したての第一期幼虫は計五五六個の体細胞《たいさいぼう》と二個の始原生殖《しげんせいしょく》細胞《さいぼう》からなり、成長して成虫になると九五九個の体細胞と多数の生殖細胞からなります。生殖巣で精子と卵子を作り出す生殖細胞は、成虫になってからでも分裂して卵子を作り続けますが、体を構成する体細胞は成熟後に分裂して増えることはありません。

がん研究につながったエレガンス

　線虫の胚発生は微分干渉顕微鏡下で連続観察ができるので、細胞がいつ分裂して将来どの組織に分化するかのパターンがすべて記録されました。一九八三年に発表されたジョン・サルストンたちによる研究成果で、これ以降、生物の形づくりの分子メカニズムを調べることができる発生生物学において、秀逸な「モデル生物」として世界中の研究者に使用されることになります。

胚発生は受精から始まり、精子は雄由来の半数体ゲノムだけでなく、中心体を卵子内にもち込みます。中心体から伸びる細胞骨格などを使って受精卵内物質を前後に再配分し、二細胞に分裂した際は各細胞質に異なる情報をもつ細胞となります。二つの細胞は同じではなく、その後そこから分裂して誕生する細胞もそれぞれ細胞質が再配分され、遺伝情報によりその細胞特有のタンパク質が作られ始め、その結果ある細胞は筋肉へ、ある細胞は神経へ、そしてある細胞は生殖細胞へと、それぞれのユニークな運命をたどっていきます。

隣り合う細胞同士で情報を伝達しあい、空間情報を確認しあいながら「正しい場所」で組織分化が促《うなが》されるので、細胞分裂の順番や配置が正しくなければ生物個体が正しく作られません。

このように体細胞は各組織・器官へと分化して、その器官で特化した働きをしますが、生殖細胞はそこから精子および卵子が作られるので、次世代の個体を作る「幹細胞《かんさいぼう》」です。

原腸陥入の始まる二六細胞期には、始原生殖細胞が分化します。細胞が分裂する順番が決まっていて、順番に細胞が分化して生物の形ができ、そしてそこから次世代が生まれてゆく……「個体発生」と「世代交代」が過去から現代、そして未来に向かって、何億年にもわたって連続して続いていることが線虫の胚発生観察から感じ取れます。線虫は動物の中でも細胞分裂、形態形成の仕組みが最もよく調べられている生物といえます。

エレガンスの発生研究からもう一つ重要な発見がありました。孵化したての第一期幼虫は計五五六個の体細胞からなりますが、胚発生の途中で一三一個の細胞が消滅していたのです。どの個体の胚発生を観察していても、必ず決まった細胞に決まったタイミングで「細胞死」が起こることから「プログラム細胞死」と名付けられ、のちにアポトーシスとして知られるようになりました。

多細胞生物が形態形成あるいは変態（両生類《りょうせい》などで見られる）を行う際に、アポトーシスによって秩序ある細胞死を誘発して形を整えます。また、体細胞分裂のエラーなどによってできてしまうがん細胞は無秩序に分裂・増殖してしまう前にアポトーシスによって除去されています。アポトーシスという現象が発見され、その後この現象の遺伝子メカニズムが線虫によって調べられ、ショウジョウバエやマウスといったそのほかの実験生物でもその共通性・普遍性が確認され、そしてヒトのがん研究の基礎になりました。

未知のメカニズム

東北地方を除く本州で、ゴキブリといえばクロゴキブリを思い浮かべるでしょうし、どこにでもいて、屋内でも頻繁《ひんぱん》に出現する日本で一番なじみのあるゴキブリかと思われます。ひとの生活場所は暖房設備が整っていて冬でも暖かいので、今では東北や北海道でも目にするようになりました。

クロゴキブリの近縁種にヤマトゴキブリがいて、東北でも森や街路樹の樹洞《じゅどう》に住んでいます。どちらかと言えば屋外性で室内に入ってくることはほとんどないので、衛生害虫を扱う専門家にとって、クロゴキブリほど警戒すべき相手として認識されていません。

また、レストランの厨房《ちゅうぼう》や食品工場などでは、チャバネゴキブリが定着しないよう衛生管理が徹底されています。九州・沖縄といった南方の暖かい地域では、夏の夜になると大型で俊足《しゅんそく》のワモンゴキブリが道路を徘徊しているのをよく見かけます。

「嫌いな生き物は何ですか」とのアンケートを取ると、生物学を専門にする学生でさえ「ゴキブリ」と回答するひとが圧倒的に多く、やはり嫌われ者の筆頭であることが再確認されます。仕方ないことかもしれませんが、少しかわいそうな気もしてきます。

寄生性線虫レイディネマ・アペンディキュラータムはクロゴキブリに寄生する絶対寄生性線虫です。「ゴキブリを培養なんて気持ち悪い」「ましてその寄生虫を研究するなんて」

と思うのが普通の感覚なのかもしれませんが、宿主が培養しやすいことからも動物寄生性線虫の実験材料として優れています［図24］。

本種をはじめテラストーマティーダ科に属するゴキブリ寄生性線虫は、宿主後腸《こうちょう》に雄一頭と雌数頭の性比の割合で個体数が維持されています。受精卵が雌になり、未受精卵が雄になる半倍数性といわれています。一細胞期に二つの前核が出現して融合する様子が見られる場合と、前核が一つしか見られない場合があるので、確かに半倍数性なのかもしれませんが、十分に検証した報告はまだありません。

ゴキブリ後腸内といった餌資源も生活スペースも限られた場所で、交尾相手の雌を獲得するために雄同士が競争して消耗してしまうと、子孫を残すうえで損害が大きいのかもしれません。雄の幼虫が数頭いる場合があっても、結局成熟した雄は一頭に制御されているようです。寄生性線虫が繁栄するうえで最適な性比と個体数が維持されているはずですが、そのメカニズムは未知のままです。

ゴキブリ寄生性線虫のライフサイクル

成熟した雌成虫から受精卵あるいは未受精卵が産み落とされると、宿主の糞《ふん》とともに宿主体外へ排出され、そして糞の中でゴキブリ寄生性線虫の胚発生が進みます。一細胞期の

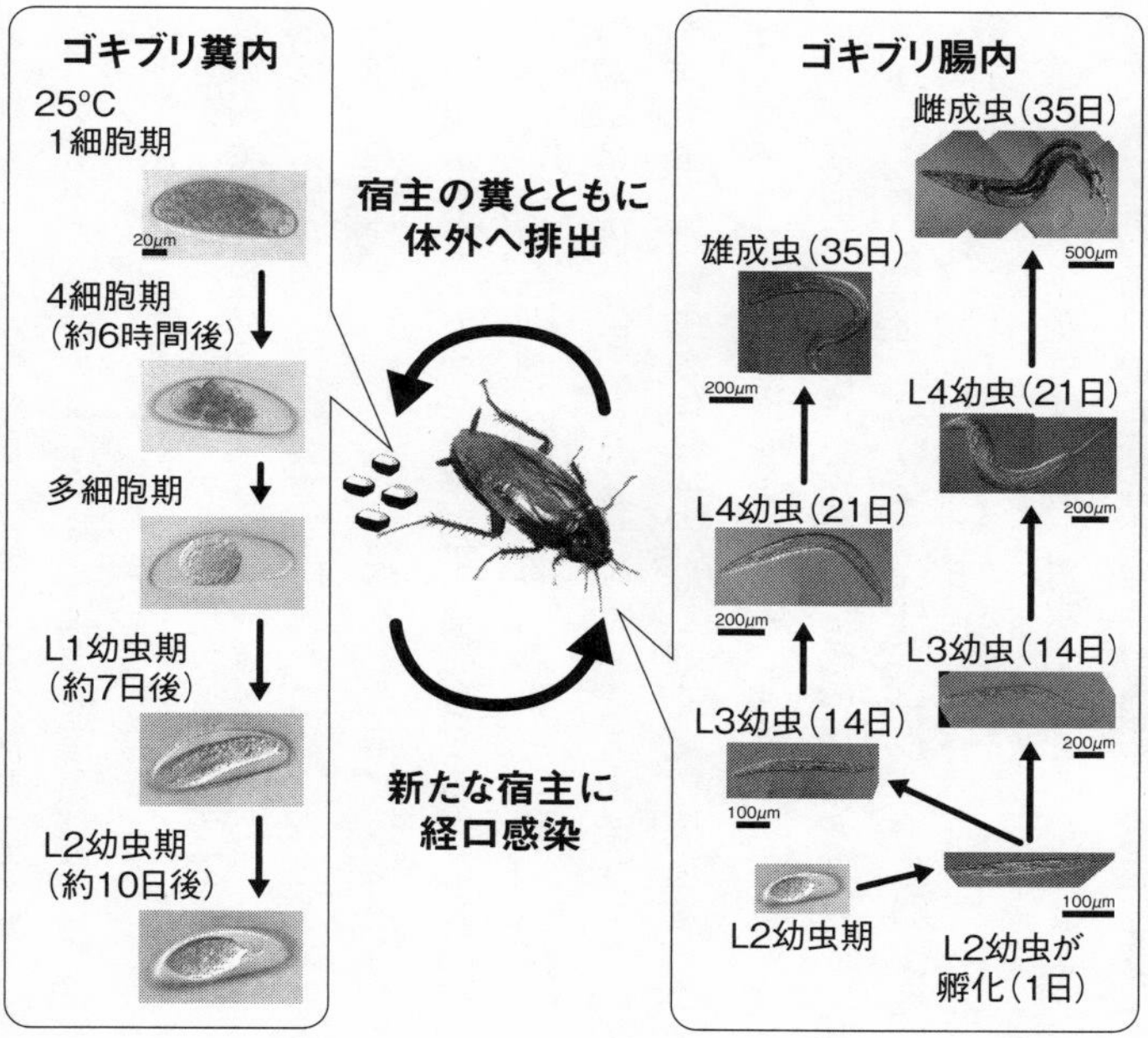

［図 24］ゴキブリ寄生性線虫「レイディネマ・アペンディキュラータム」のライフサイクル。ゴキブリ糞内での胚発生はスライドグラス上でも連続観察が可能。また、幼虫から成虫への成長は宿主を解剖しなければその様子を見ることができないが、古くなった皮を被った脱皮途中の幼虫が容易に観察できるので、脱皮タイミングがよくわかる

卵を観察すると、卵殻内に広がった細胞質内に精子および卵子由来の前核が観察できます。受精卵の場合、雌性前核と雄性前核が融合して二倍体となり、その後の胚発生が進みます。未受精卵は雌性前核が出現するものの、残念ながら染色体の動きを追うことや、その後雄になるのか雌になるのかの確認ができていません。ここをうまく調べることができれば、半倍数性と性に関する研究を進めることができるでしょう。

細胞分裂はエレガンスと比べると非常に緩慢《かんまん》であることがわかります。

室温（およそ二五度）で胚発生を観察すると、一細胞から四細胞までおよそ六時間かかりました。その後細胞分裂が進み、およそ一週間後にようやく第一期幼虫となります。第一期幼虫は卵内で脱皮して第二期幼虫となります。第一期幼虫は普通の線虫の姿をしていますが、第二期幼虫の体は楕円形で細く短い尻尾《しっぽ》をもつのが特徴です。一細胞から第二期幼虫になるまで一〇日間を要し、そのまま放置していても孵化することなく、経口《けいこう》感染したゴキブリ宿主の消化管を経由して腸内にたどり着いて初めて孵化します。さらに、第二期幼虫まで発生が進んでいなければ、発生途中の卵が経口感染したとしても宿主ゴキブリに寄生できません。

ここまでの胚発生は容易に観察することができます。新鮮なゴキブリの糞から、あるいはゴキブリを解剖して寄生性線虫の抱卵《ほうらん》雌成虫を取り出し、子宮を割いて一細胞期胚を集めることが可能です。集めた卵をスライドグラスに載せ、微分干渉顕微鏡により第二期幼虫卵まで連続観察することができます。

ところが感染後に進む後胚発生は、宿主体内で進むので少し工夫が必要です。まずは線虫非感染ゴキブリ株を準備し、第二期幼虫卵を餌に混ぜて（五〇〇個の卵を四〇〇ミリグラムの餌に混ぜる）人工的に感染させます。一日後、三日後、一週間後、二週間後……と定期的にゴキブリを解剖して、腸内の寄生性線虫頭数、発生ステージ、そして性を記録します。

感染一日目には孵化していることがわかり、このときは普通の線虫らしいにょろにょろした形です。ここから二週間の間に脱皮が起こり、第三期幼虫となります。このときの脱皮で、尻尾が短くて交接刺《こうせつし》が形成されているものが雄、尻尾が細長いものが雌と、雌雄の区別ができるようになります。そして第四期幼虫期を経ておよそ一か月後に成熟した成虫となります。成熟した雄と雌が交尾して、雌は産卵を行います。

さまざまな動物を観察していると、親の糞を子が口にすることがよくあります。ゴキブリは集合していることが多く、お互いの糞を食べあうので、その集団内に寄生性線虫が容易に広がっていきます。またゴキブリの卵は卵鞘《らんしょう》というケースの中に数十個を収めて産み落とされますが（チャバネゴキブリ、サツマゴキブリなどは孵化まで親が体内に卵鞘を保持）、卵鞘表面には母親の糞が付着しています。孵化直後の幼虫は卵鞘と親の糞を食べ、親から腸内細菌と寄生虫の卵を受け継ぐのです。

アニサキスのライフサイクル

ニュースでもよく取り上げられる、魚やイカといった海産物が原因の食中毒アニサキス症は、海産寄生性線虫が原因でヒトが発症します。日本に住む私たちにとって最も身近で有名な寄生虫の一つであり、これも線虫の一種です。

アニサキス科に属する八属四六種類の寄生性線虫は、それぞれ宿主とする海産生物の種や分布域が異なるものの共通したライフサイクルです。終宿主《しゅうしゅくしゅ》は主にイルカやクジラ、アザラシといった海産哺乳《ほにゅう》類であり、また海鳥を終宿主とするものもいます。

ヒトはアニサキスにとって正しい宿主ではありません。広大な海洋を舞台に、さまざまな宿主を跨《また》ぎながらその種が維持されている生物のライフサイクルを見てみることにしましょう［図25］。

アニサキスは海産哺乳類宿主の「胃粘膜」に集団で張り付き、雄と交尾をした雌は産卵して宿主の糞とともに受精卵を海洋中へ排出します。受精卵は第一期幼虫まで胚発生が進んだあと卵内で一度脱皮して、第二期幼虫になってから孵化します。海洋中を泳ぐアニサ

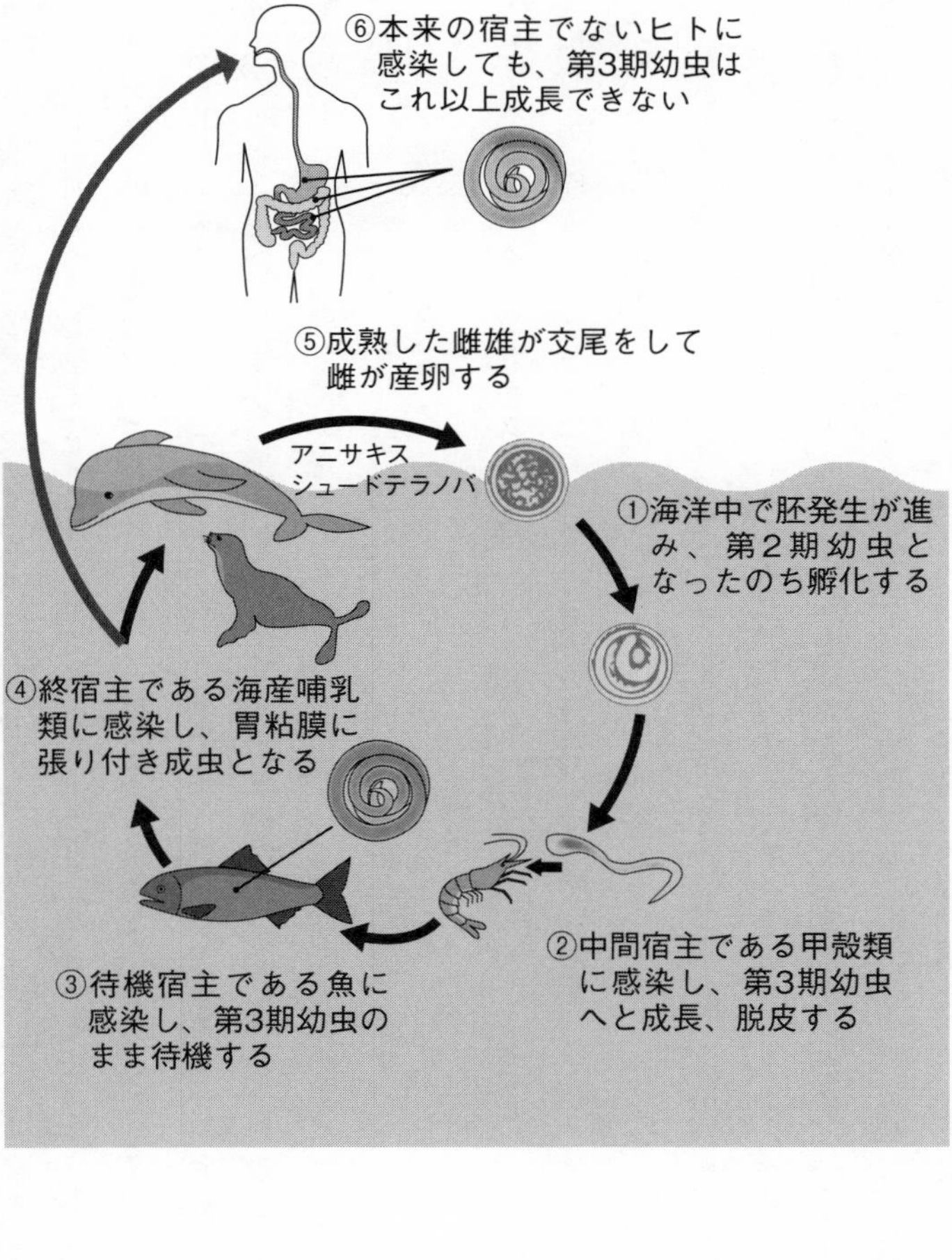
⑥本来の宿主でないヒトに
感染しても、第3期幼虫は
これ以上成長できない
⑤成熟した雌雄が交尾をして
雌が産卵する
アニサキス
シュードテラノバ
①海洋中で胚発生が進
み、第2期幼虫と
なったのち孵化する
②中間宿主である甲殻類
に感染し、第3期幼虫
へと成長、脱皮する
③待機宿主である魚に
感染し、第3期幼虫の
まま待機する
④終宿主である海産哺乳
類に感染し、胃粘膜に
張り付き成虫となる

［図 25］アニサキスのライフサイクル。広大な海洋を舞台にさまざまな宿主を跨ぎながら生活していることがわかる。中間宿主と終宿主ともにそろわなければ、アニサキスは成長もできず種も残せない

キス第二期幼虫は、オキアミなどの小さな甲殻《こうかく》類を「最初の宿主」として経口的に感染し、宿主血体腔《けったいこう》へと移動してそこで栄養を取りながら第三期幼虫へと成長・脱皮します。

アニサキスに感染した小さな甲殻類が、今度は魚やイカに摂食されると、アニサキス第三期幼虫は「新たな宿主」である魚の腸に潜《もぐ》り込み、腸間膜《ちょうかんまく》や筋組織へと移動して第三期幼虫のまま「待機」します。最後にその魚やイカが海産哺乳類に摂食されると、宿主の胃酸が刺激となって待機していたアニサキスが動き始め、海産哺乳類の胃粘膜に張り付いて二回脱皮して成虫となり、成熟した雌雄が交尾をして雌が産卵します。

ヒトへ感染するアニサキスの不幸

絶対寄生性のアニサキスは海洋で生活する複数の宿主動物に頼ってライフサイクルを回していますが、成熟して産卵する場所となる海産哺乳類などを「終宿主」、オキアミを「中間宿主」と呼びます。魚やイカなどを経由せずとも、オキアミが海産哺乳類に摂食されればアニサキスは終宿主内に移動して成熟することができます。しかしオキアミ自体のアニサキス感染率が〇・一パーセントにも満たないほど非常に低いため、終宿主に感染できるチャンスはとても低いと言えます。魚やイカなどを「待機宿主」と呼び、待機宿主における アニサキス感染率を高めれば、終宿主に感染できる効果をいっそう高くすることができます。

魚やイカといった待機宿主を生または加熱が不十分な状態でヒトが摂取すると、アニサキス第三期幼虫はヒトの胃酸が刺激となって動き始めます。ヒトは本来の終宿主ではないので、ヒトの胃粘膜に張り付こうにもうまくいかずに死んでしまいます。したがってアニサキスに感染しても症状が出ないこともありますが、感染数時間後に胃に激痛が走ったり嘔吐《おうと》を催したりする場合もあります。

場合によっては腸にまで移動してきたアニサキスを封じ込めようと、好酸球が集まって肉芽腫《にくがしゅ》が形成されてクローン病のような症状をきたすこともあります。二回目以降の感染では、さらに強いアレルギー反応を誘発することもあります。アニサキス症の診断法は、内視鏡による直接観察、治療法は内視鏡で直接見ながら摘まんで取り出すことになります。

アニサキス症に感染したヒトの消化器系から摘出される線虫は第三期幼虫であり、痛みを伴う患者も大変ですが、線虫にとっても不幸であって、これ以上成長することができません。摘出された第三期幼虫は形体的特徴が乏しく、かつてはどれも「アニサキス・シンプレックス」だと考えられていました。遺伝子データを取得して、終宿主であるクジラなどに寄生する成虫と照合しながら調べてみると、「アニサキス・シンプレックス・センス・ストリクト」（センス・ストリクトは「狭義の」という意味）、「アニサキス・ペグレフィー」「アニサキス・ベルランディ」の三種類が区別されるようになり、そしてこれら三種を総称してアニサキス・シンプレックス複合体と呼んでいます。

同じようにアニサキス症といわれるなかでアザラシなどを終宿主とするシュードテラノバ属線虫も、「シュードテラノバ・デシピエンス・センス・ストリクト」「シュードテラノバ・アザラシ」「シュードテラノバ・カターニ」、その他（未整理のもの）をシュードテラノバ・デシピエンス複合体と呼んでいます。

このように形体的に酷似《こくじ》しているため、以前は同種であると言われていたものを隠蔽種《いんぺいしゅ》と言い、線虫を研究しているととても多く見つかります。複合体内で種間ハイブリッドもたまに見られることから、種分化の途中ではないかとも考えられます。

動物からヒトへと感染する病気を「ズーノーシス」、日本語では人畜《じんちく》共通感染症あるいは動物由来感染症とも呼びます。アニサキスもその一つで、中間宿主や待機宿主、終宿主を経由する本来のライフサイクルから逸脱して、ヒトの体内に入ってきてしまうことでヒトは病気を「発症」します。

ところで、本来のライフサイクルで感染する宿主たちにとって、つまりオキアミやイカ、海産哺乳類にとってアニサキスは病原体なのでしょうか。野生のイルカやアザラシの

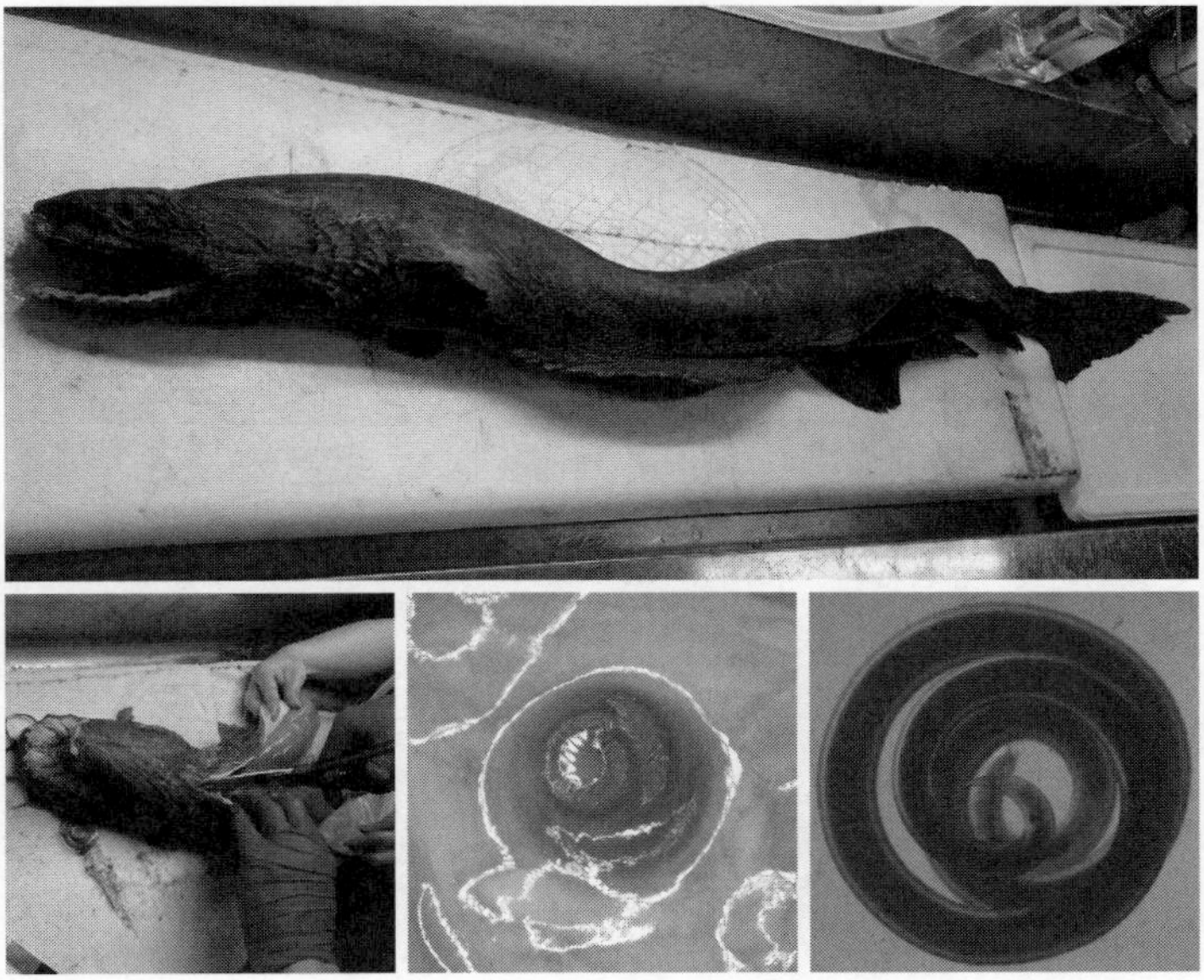

[図 26] 深海ザメ「ラブカ」にも線虫が普通に寄生している。胃壁表面にとぐろを巻いて膜に包まれた状態で張り付いていて、膜から取り出すと活発に動き出す

胃には高確率でアニサキスが寄生していて、高密度に感染していたとしても特に悪い症状があらわれない場合がほとんどのようです。やはり本来の宿主と寄生性線虫は、長い進化の過程でバランスの取れた共生関係《きょうせい》が構築されていると考えられます。

ヒトの食中毒を引き起こす厄介《やっかい》な寄生虫として、例えばアレルギーとアニサキスなどに注目した研究が多く進められていますが、巨大な体で培養することが難しい海洋生物との関係を研究するのはやはりとても大変で、まだまだ知られていないことがたくさん残されているはずです。

中部大学でサメを専門に研究されている先生と一緒に、深海ザメであるラブカを解剖して調べたところ、寄生性線虫が見つかりました[図26]。遺伝子配列からアニサキス・シンプレックスという診断結果でしたが、データベースが十分でないため、これが既知種のアニサキス・シンプレックスと同一であると断定できません。ラブカに寄生するアニサキスはいったいどのような生態なのか、ゴキブリ寄生性線虫のように綿密な実験をたくさん組むことは不可能で、なかなか思うように研究が進められません。

よく知られているかに思える海洋生物でさえ、まだ知られざる生態を秘めたものも多く、そして未知なる生物もたくさんいそうです。そしてそれらと寄生・共生関係を成立させる線虫は、まったくわかっていないと言っていいくらいかもしれません。

第五章 多様な性と生殖

世界五〇パーセントのイネが感染

世界中のひとびとが主食としている農作物に、お米や小麦、トウモロコシといった穀物（穀類）、大豆やエンドウといったマメ類（豆果《とうか》）、そしてイモ類（塊茎《かいけい》）などが挙げられます。各国・地域の気候に応じてさまざまな品種が栽培され、比較的安価に栄養素とカロリーを人類に提供してくれる大切な農作物です。アメリカや中国といった農業にも力を入れている国では、これら農作物の超大規模生産システムを確立させて価格の優位性を維持し、世界中に輸出をしています。

日本は食の多様化が進むなかでもやはり主食はお米であり、ほぼ百パーセントの自給率を維持しています。水田が維持・管理できていれば稲作そのものは畑作よりも手間がかかりませんが、収量や品質を低下させる病害虫もやはり多く存在するので対策が必要になってきます。

例えば、梅雨前線の南西風に乗って大陸から毎年飛来するトビイロウンカ（カメムシ目《もく》の昆虫）は、田んぼに降りたつとイネの茎《くき》を吸汁《きゅうじゅう》して一気に増殖し、一帯のイネが倒れる「坪枯《つぼが》れ」を引き起こす害虫です。ウンカが飛来しても増殖しにくいよう、イネを水田に植える時期を早めたり遅くしたり調節する対策がとられたり、場合によっては殺虫剤を散布しなければならないこともあります。また、イネの葉に付着して栄養を得て生育阻害《そがい》を引き起こすイネいもち病菌ピリクラリア・オリゼ（糸状菌《しじょうきん》）なども、各種農薬に対する抵抗性をもつものが出現して問題になっている病原体です。

世界中でイネに病気を引き起こす線虫として、チレンキーナ亜目《あもく》に属するイネシンガレセンチュウ（アフェレンコイデス・ベッセィ）が挙げられます［図27］。耐久型ステージでなくとも、増殖型サイクルのどの発生ステージでも体を乾燥させた状態で何年も種籾《たねもみ》の中に潜《ひそ》むことができます。イネの種籾が吸水して発芽する際に、そこに潜んでいた乾燥状態のイネシンガレセンチュウも同時に活性を取り戻し、イネの成長点に口針《こうしん》を刺して栄養を吸収しながら増殖するので、イネが成長した際に葉の先端が白くなり、そして壊死《えし》して黒くなっていく病徴《びょうちょう》を示します。

増殖した線虫は種籾の中に入り込み、親から子へと垂直感染します。「ホタルいもち病」（英語で「ホワイトチップ・ディジーズ」）の原因である本線虫種は、宿主《しゅくしゅ》体外に寄生する外部寄生性（エクトパラサイト）であり、アフリカ、アジア、カリブ地域、ヨーロッパそしてアメリカといった世界中のイネを加害してお米の収量を低下させる病害線虫です。世界の五〇パーセントのイネがこの線虫に感染していると言われ、その影響により約四〇パーセントの減収があるとも言われています。

感染の拡大はもっぱら線虫に感染した種籾を使用してしまうことが原因で、非感染農地由来の種籾を使用することを徹底すれば予防でき、また発芽時に薬剤や熱水処理することで駆除《くじょ》することができます。稲作農業の管理が行き届いている日本では、こういった予防が徹底されているので、ホタルいもち病をうまく抑えることができています。

ヒトにとっては厄介な賢い生殖

イネシンガレセンチュウは雄《おす》と雌《めす》の二つの性が存在し、雌雄《しゆう》が交尾《こうび》して次世代を作る「有性生殖《ゆうせいせいしょく》」であることが確認されていますが、培養《ばいよう》集団を見てみると雄よりも雌の割合が多く、さらに雌一頭からでも増殖する「単為生殖《たんいせいしょく》」も可能です。

単為生殖とは、卵子が未受精のまま胚《はい》発生を進めて次世代ができる生殖であり、すなわち雌一頭からでも次世代を作ることができます。イネシンガレセンチュウだけに見られる特別なものではなく、ハチやアブラムシといった無脊椎《むせきつい》動物から、ヘビやトカゲ、サメといった脊椎動物にも見られる、生物の一般的な生殖様式の一つと言っていいでしょう。

インドネシア・コモド島に生息する、体長約三メートルにもなるコモドオオトカゲも、雌雄が交尾して次世代を作る有性生殖に加え、雌だけが単為生殖により子孫を作ることが確認されています。有性生殖と単為生殖とを使い分ける生物種も多く知られていて、個体

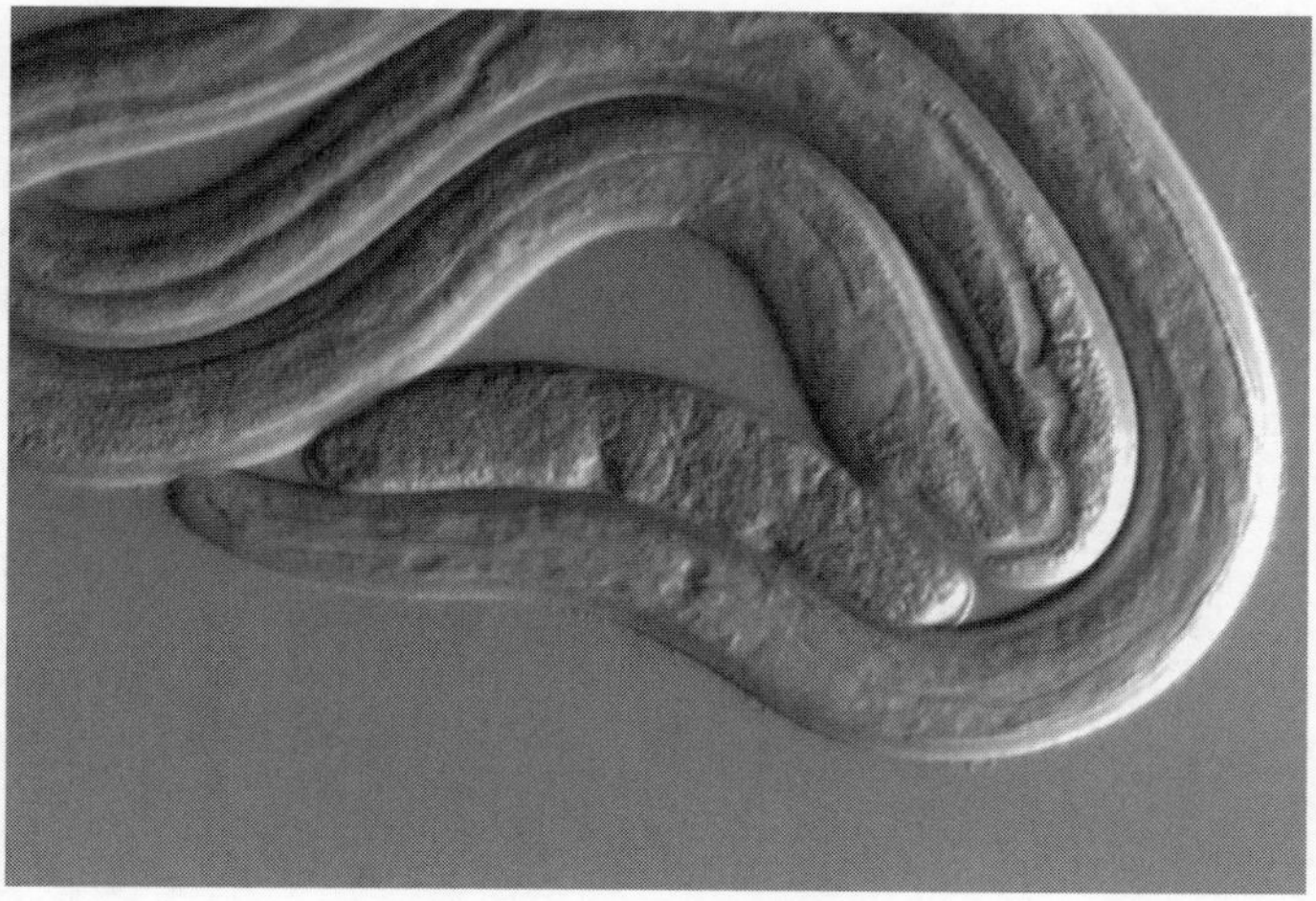

［図 27］世界中のイネに病気を引き起こしているイネシンガレセンチュウの雌成虫の写真。ちょうど産卵したところを撮影

数を素早く増やせ、かつ遺伝的多様性も高めることができる都合のいい作戦です。イネシンガレセンチュウも同様に有性生殖と単為生殖を両方使い分けることができ、また交尾を終えて精子を貯精嚢《ちょせいのう》に蓄《たくわ》えた雌成虫《めすせいちゅう》も乾燥耐性をもっているので、とても賢い生殖様式を進化させてきた線虫です。

我々ヒトからすれば、種籾にイネシンガレセンチュウ雌一頭がいたとしても病気が蔓延《まんえん》してしまう可能性がある厄介《やっかい》な病原体です。これまで使用していた農薬が効かないイネシンガレセンチュウが出現したり、種籾の管理をおろそかにしたりすれば、日本でもホタルいもち病がたちまち大発生してしまう可能性があります。

二つの性があるエレガンス

世界の林業および森林生態系の脅威であるマツ材線虫病《ざいせんちゅうびょう》は、チレンキーナ亜目に属するマツノザイセンチュウ（ブルサフェレンクス・ザイロフィルス）が病原体です（第八章で詳述）。また、中南米ではココヤシや油ヤシといった産業上重要な植物がココヤシ赤輪病《あかわ》（レッド・リング・ディジーズ）によって枯れてしまい問題となっていますが、これはベクター（感染の媒介者）であるゾウムシと協調してココヤシザイセンチュウ（ブルサフェレンクス・ココフィルス）が加害することで発症します。

これら二種のザイセンチュウは雄と雌の二つの性があり、有性生殖によって増殖し、雌単独で次世代を増やすことができません。ザイセンチュウの仲間を含むブルサフェレンクス属線虫は世界で一〇〇種以上が知られていて、上記二種以外は特に大きな問題を引き起こすこともなく、各地域に生育する樹木の枯れ枝（健康な樹木でも弱った枝）を主な住処《すみか》とし、そしてそこに産卵する甲虫《こうちゅう》（主にキクイムシ、ゾウムシ、カミキリムシなど）を乗り物として木から木へと移動する生態をもった線虫です。

すべて有性生殖であることが知られていましたが、沖縄の八重山《やえやま》諸島で発見されたオキナワザイセンチュウ（ブルサフェレンクス・オキナワエンシス）は雌ばかりであり、雌一頭からでも増殖することができたため当初は単為生殖だと言われていました。しかし、なぜか五〇〇頭に一頭くらいの割合で雄が出てきます。成熟した雌をよく観察すると「精子」を保持していることもわかりました。この場合は雌ではなく、自前で精子と卵子の両方を作って、自家受精《じかじゅせい》により次世代を産む「雌雄同体」（ハーマフロダイト）であることがわかりました。オキナワザイセンチュウも、雌雄同体一頭が生き残れば子孫を繁栄させることができそうです。

自活性土壌《どじょう》線虫のエレガンスは雌雄同体と雄の二つの性があり、雌雄同体の場合は精子と卵子を両方作ることができるので、やはり一頭からでも子孫を残せます［図28］。雌雄同体の自家受精により産まれる次世代は、すべて雌雄同体となりますが、五〇〇から一〇〇〇頭に一頭くらいの割合で雄が出てきます。そして雄と交尾した雌雄同体が産む次世代は、雄と雌雄同体が半分ずつの割合となります。

ところで、自家受精あるいは単為生殖のように、交尾しない雌一頭から次世代を産む生殖は、細菌の分裂と同じく素早く増殖できる仕組みに似ています。ということは、次世代は親のクローンなのでしょうか。もしクローンであれば親のコピーなので、増殖は速いものの遺伝的多様性がないということになります。

遺伝子と染色体との関係など基本的な生物学を復習しながら、線虫の性や生殖、分子遺伝学についても見ていきたいと思います。

性がある生物とない生物

原核《げんかく》生物は「分裂」によって増殖し、子孫はすべて元の個体（細胞）と同一のゲノム情報をもつクローン集団となります。真核《しんかく》生物の中でも、原生生物や菌類の仲間で分裂により増殖するものもいます。また、植物であれば種子を作らず次世代を増やす「栄養生殖」（芋《いも》や玉ねぎの地下茎、イチゴなどのほふく茎など）が元の個体（親）のクローンを生産する方法です。樹木の成木の枝から新しい個体を作り出す挿《さ》し木もクローンとなります。

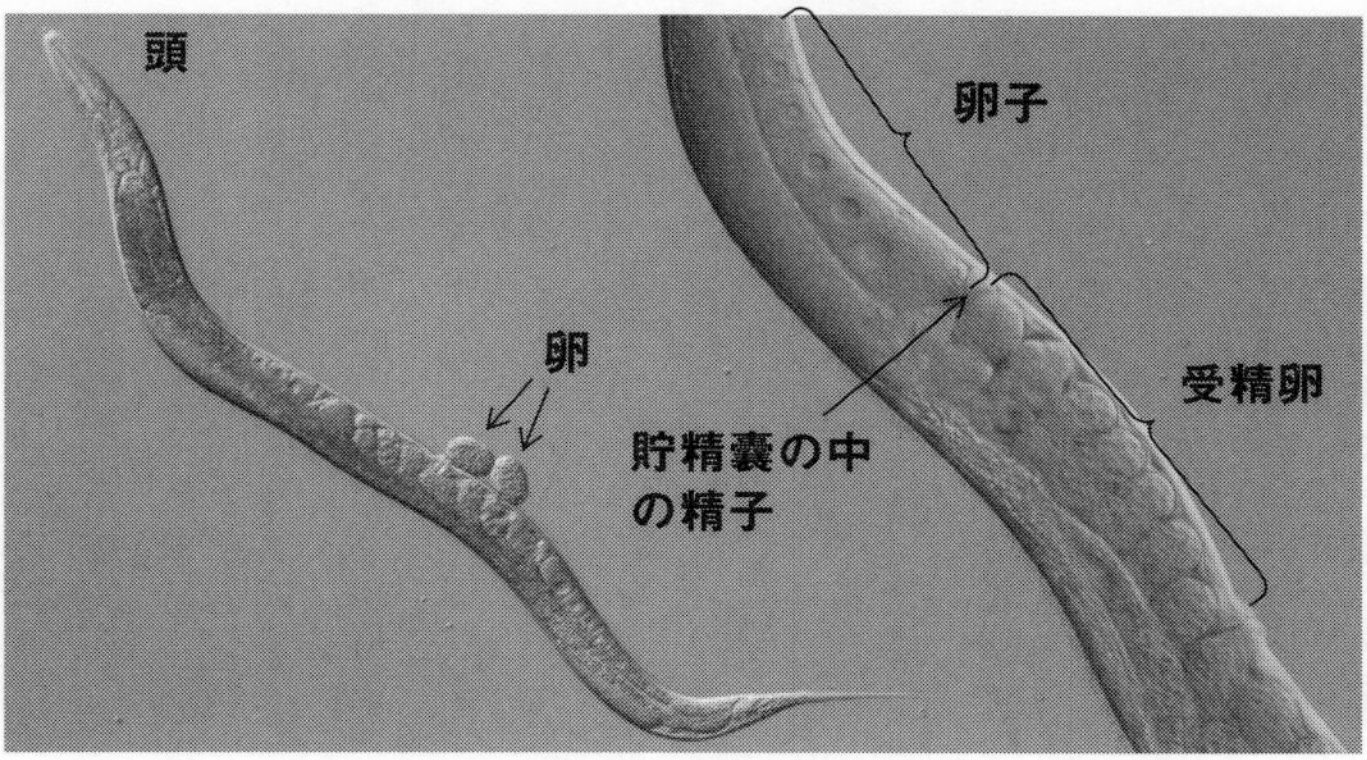

[図 28] エレガンス雌雄同体成虫。エレガンス雌雄同体成虫の全身（左）と、陰門から頭部に向かって伸びる生殖巣と子宮を拡大（右）した写真。成熟した雌雄同体は自前の精子と卵子を両方もっている

このように一個体からクローンの子孫を作る方法を「無性生殖《むせい》」と呼び、異なる性の二個体が遺伝情報をもち寄って、新たな遺伝情報の組み合わせの子孫を残す「有性生殖」と対《つい》になります。無性生殖の分裂は、生存に好条件な環境下で一気に子孫を残せますが、その集団は均一な性質のクローンなので良い性質も悪い性質も共有しています。病気が蔓延したり環境が悪化したりすると、それに対する耐性を有していない場合、その集団が全滅してしまう可能性が高くなります。挿し木などで増殖させて日本中に広まったソメイヨシノもすべてクローンなので、疫病が蔓延したときのリスクが心配です。

ただし、無性生殖であっても、その集団の遺伝的多様性を高めていく仕組みが知られています。分裂中に生じるランダムな遺伝子突然変異に加え、他個体《たこたい》の遺伝子を受け取る「接合」という機構です。例えば、細菌を抑え込むためにヒトが抗生物質を使い続けていると、その抗生物質が効かなくなる遺伝子をもつ細菌個体とその子孫が生き残り、そして接合によりその遺伝子を他個体に受け渡しながら増殖していきます。すると、いつしかそこに生活する細菌集団に対して抗生物質が効かなくなってしまいます。

真核生物には基本的に二種類の性があり（明確に二種類以上の性がある生物もいる）、有性生殖によって次世代の個体を産みますし、さらに無性生殖もできる生物種もいます。有性生殖を行う際のポイントは、精子や卵子といった「配偶子《はいぐうし》」を作ることにあります。異なる性の配偶子同士を融合させることで、次世代の遺伝的多様性を担保しているのですが、配偶子を作るという工程にも遺伝的多様性を生み出す仕組みがあります。

先述したイネシンガレセンチュウは、未受精の卵子から個体発生する単為生殖を行いますが、卵子が作られている点から無性生殖ではなく、また基本的にその子孫は親のクローンではありません。雌雄同体のエレガンスやオキナワザイセンチュウも、同一個体の親由来の精子と卵子を受精させるので、親のコピーになるのではと思いがちですが、やはり配偶子を作っているということから「自然界」では親のクローンではなく、親とは異なる遺伝情報を有する個体になります。

この仕組みを少し詳しく見ていきますが、その前に遺伝子と染色体との関係を少しおさらいしましょう。

遺伝子と染色体

「遺伝子」とは、その生物が必要なタンパク質を「いつ」「どこで」「どれだけ」作るかという情報であり、四種類のデオキシリボ核酸（DNA）、アデニンA、チミンT、グアニンG、シトシンCを文字のように組み合わせて染色体に記録されていると解釈できます。

例えば、筋《きん》繊《せん》維《い》や細胞骨格の材料である「アクチン」タンパク質を作る「アクチン遺伝子」は、計五三六四文字で記されているとします。つまり、五三六四文字からなるアクチン遺伝子には、「いつ：筋肉の一部を新しく再生したいとき」「どこで：骨格筋で」「どのような：アクチンタンパク質」を「どれだけ：古くなったところを新しく更新させる分だけ」作る、という情報が記されているのです［図29］。

ほかにも例えば、糖を分解してエネルギーを得るための第一反応を進める「ヘキソキナーゼ酵素」はタンパク質でできていて、「ヘキソキナーゼ遺伝子」の情報をもとに細胞内で作られます。学習や記憶、意欲や動機など行動をコントロールするドーパミンという神経伝達物質を脳神経から放出させる際に、「ドーパミントランスポーター」という輸送体を使用しますが、これもタンパク質からできていて「ドーパミントランスポーター遺伝子」の情報をもとに細胞内で作られます。

神経伝達物質のドーパミン自体はタンパク質ではありませんが、食事などで摂取したチロシンというアミノ酸の一種を材料に、「チロシンヒドロキシラーゼ」と「アミノ酸デカルボキシラーゼ」という二種類の酵素を使って化学反応を進めて作られます。そしてこれら二種類の酵素はタンパク質からできているので、やはり「チロシンヒドロキシラーゼ遺伝子」「アミノ酸デカルボキシラーゼ遺伝子」の情報をもとに細胞内で作られます。

生物はそれぞれ種ごとに数千数万種類の遺伝子をもっていて、それらは染色体に刻まれ

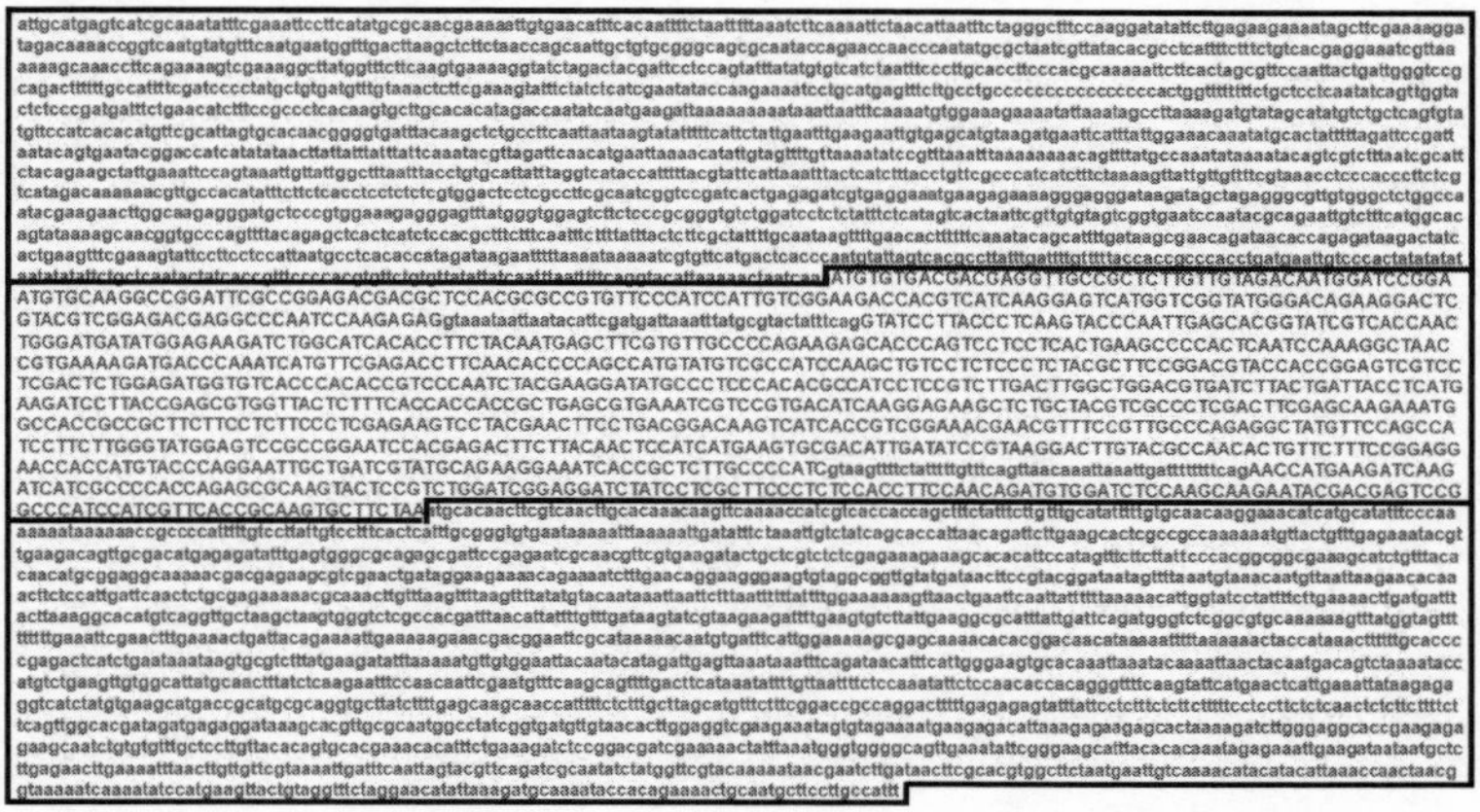

［図 29］ATGC の 5364 文字によって記されるアクチン遺伝子。罫線で囲った上・中・下の三つのうち中央の大文字の部分には、どのアミノ酸をどのような順番で連結させてアクチンタンパク質を完成させるかが記されていて、その前後および間の小文字は、「いつ」「どこで」「どれだけ」アクチンタンパク質を作るかといった情報が記されている。どのタンパク質の設計図であれ「ATG」の文字で始まり、「TAA」あるいは「TAG」あるいは「TGA」の文字で終了する

ていて、そこから数千数万種類のタンパク質が作られます。生物は遺伝情報をもとに細胞内でさまざまなタンパク質を作り、タンパク質が体の材料になったり生命活動に必要な化学反応を進めたりしています。

染色体はいくつもの遺伝子が集まった塊《かたまり》で、一本二本と数えることができ、ヒトは二三対の計四六本です。線虫の場合、イネシンガレセンチュウ、マツノザイセンチュウ、そしてエレガンスは六対の計一二本です。六対一二本がよく見られますが、五対一〇本のマレー糸状虫、四対八本の回旋《かいせん》糸状虫とさまざまで、その他、生殖細胞と体細胞とで染色体数が変わってしまうブタカイチュウや、同種でも産地によって染色体の数が変わったりするものもいます。

遺伝子の数はヒトと同じ

染色体は遺伝子の集まった塊で、遺伝子の数やその並べ方、集め方の違いから染色体の大きさや数が変わります。よくわかっているエレガンスを例に、染色体とそこに記された遺伝子との関係についてもう少し詳しく見ていきましょう。

線虫エレガンスは染色体をⅠからⅤ、そしてⅩまで計一二対をもっています。その中で最も大きなものは五番目の染色体（リンケージグループⅤ）で、それは約二一〇〇万のＡ・

T・G・Cの文字からなり、「タンパク質をコードする」約五五〇〇種類の遺伝子（コード配列）が記されています。タンパク質をコードしない遺伝子（ノンコーディングRNA、後述）もいくつかあって、リボソームRNAを作る遺伝子が一五種類、トランスファーRNAを作る遺伝子が一六九種類、その他RNA遺伝子が約二〇〇〇種類、偽遺伝子《ぎいでんし》が八〇〇以上も確認されます。

リボソームRNAはリボソーム（細胞内のタンパク質生産工場）の材料となり、トランスファーRNAはアミノ酸をリボソームに運ぶ働きをもちます。また偽遺伝子とは、遺伝子のように見えますが実際には働いていないニセ遺伝子を指します。かつて遺伝子として働いていたかもしれませんが、変異などで文字情報が変わったりして壊れてしまったものがそのまま残っていると考えられます。ある遺伝子が壊れても、その替わりを果たす別の遺伝子があるから大丈夫だったのでしょう。

また、もう一つ注目してもらいたいポイントとして、タンパク質を作る遺伝子数（コード配列）と、タンパク質の種類に差があることです。一つの遺伝子の読み方を少し変えて、似たようなタンパク質を何種類か作り出して種類を増やす場合もあるからです。ゲノムサイズ（文字数）を増やさずにタンパク質の種類を増やす仕組みと言えます。一万三〇〇〇文字からなるミトコンドリア（MT）も含め、すべて足して約一億文字のエレガンスゲノム、およそ二万種類のコード配列です。

エレガンスゲノムの文字は厳密に数えられていて、世界中の研究者たちが使用している標準株（野生型N2株、ワイルドタイプ）の情報があります［図30］。遺伝子の数もまた新しく発見される場合もあり、今でも多少の増減があります。遺伝子の平均サイズを見てみると、「一億文字／二万遺伝子」で「約五〇〇〇文字／遺伝子」となります。

ところで、ヒトの遺伝子（タンパク質を作る情報）がおよそ二万種類に対して、線虫の遺伝子も二万種類と同じです。さらにこれらおよそ八〇パーセントはヒトと線虫で「同じタンパク質」を作る遺伝子です。ヒトも線虫も筋肉は「アクチンタンパク」から作られ、糖を分解してエネルギーを得る場合に「ヘキソキナーゼ酵素」を使い、脳神経からドーパミンを放出させる際に「ドーパミントランスポーター」を使います。それぞれアクチン遺伝子、ヘキソキナーゼ酵素遺伝子、ドーパミントランスポーター遺伝子からタンパク質が作られ、ヒトも線虫も体を作って維持する材料は大体が同じで、「いつ」「どこで」「どれだけ」そのタンパク質が使われるかといった調節が大きく異なるのです。

ヒトの成人は何十兆個の体細胞から構成されていて、線虫エレガンスは雌雄同体成虫で九五九個、雄成虫では一〇三一個の体細胞から構成されています。皮膚《ひふ》や消化器系を構成する上皮細胞も、脳や各種神経を構成する神経細胞も、生物個体を形成する細胞一つ一つ

染色体	文字数（百万）	タンパク質遺伝子（コード配列数）	リボソームRNA遺伝子	トランスファーRNA遺伝子	その他RNA遺伝子	偽遺伝子	タンパク質の種類
I	15.07	2,900	6	76	1,222	189	4,152
II	15.28	3,573	-	80	1,577	334	4,755
III	13.78	2,696	-	97	1,066	180	3,723
IV	17.49	3,405	-	94	16,205	381	5,180
V	20.92	5,469	15	169	2,218	867	6,765
X	17.72	2,701	-	305	3,016	178	3,959
MT	0.01	12	2	22	-	-	12
計	100.27	20,756	23	843	25,304	2,129	28,546

[図30] エレガンスのゲノム。文字がすべて読まれ、どこからどこまでの文字配列がどういった遺伝子であるかがコンピューターによって推測され、「ワームベース」に掲載されている。各遺伝子の詳細は研究者たちによって更新され、あるいは修正が加えられ、日々進化している

がその生物のゲノム情報を保有する染色体をフルセットでもっています。

すべての細胞に共通して必要なタンパク質もあれば、器官ごとに必要なタンパク質が異なる固有のタンパク質もあるので、「遺伝子発現」パターンは細胞ごとに異なってきます。核内の染色体内に記される二万種類もの遺伝子の中から、そのとき、その細胞で必要な情報を瞬時に読み取って、細胞小器官《さいぼうしょうきかん》のリボソームで必要な量だけタンパク質が作られます。そしてそのタンパク質が十分に作られて、もう必要がないとすれば生産を停止します。

常識を超える発見

核の中に収められている染色体から、遺伝情報が読み取られてタンパク質が作られる流れを簡単に説明します［図31］。

ＤＮＡで記された遺伝情報は、リボ核酸（ＲＮＡ）からなるメッセンジャーＲＮＡという一時的な情報に「転写」され、核の外にあるリボソームへと運ばれます。少しややこしくなりますが、ＤＮＡがＡ・Ｔ・Ｇ・Ｃの四文字に対して、ＲＮＡはＡ・Ｕ・Ｇ・Ｃの四文字、Ｔ（チミン）の代わりにＵ（ウラシル）が使われます。同じような文字を使いますが、ＤＮＡとＲＮＡとで構成成分が少しだけ異なります。

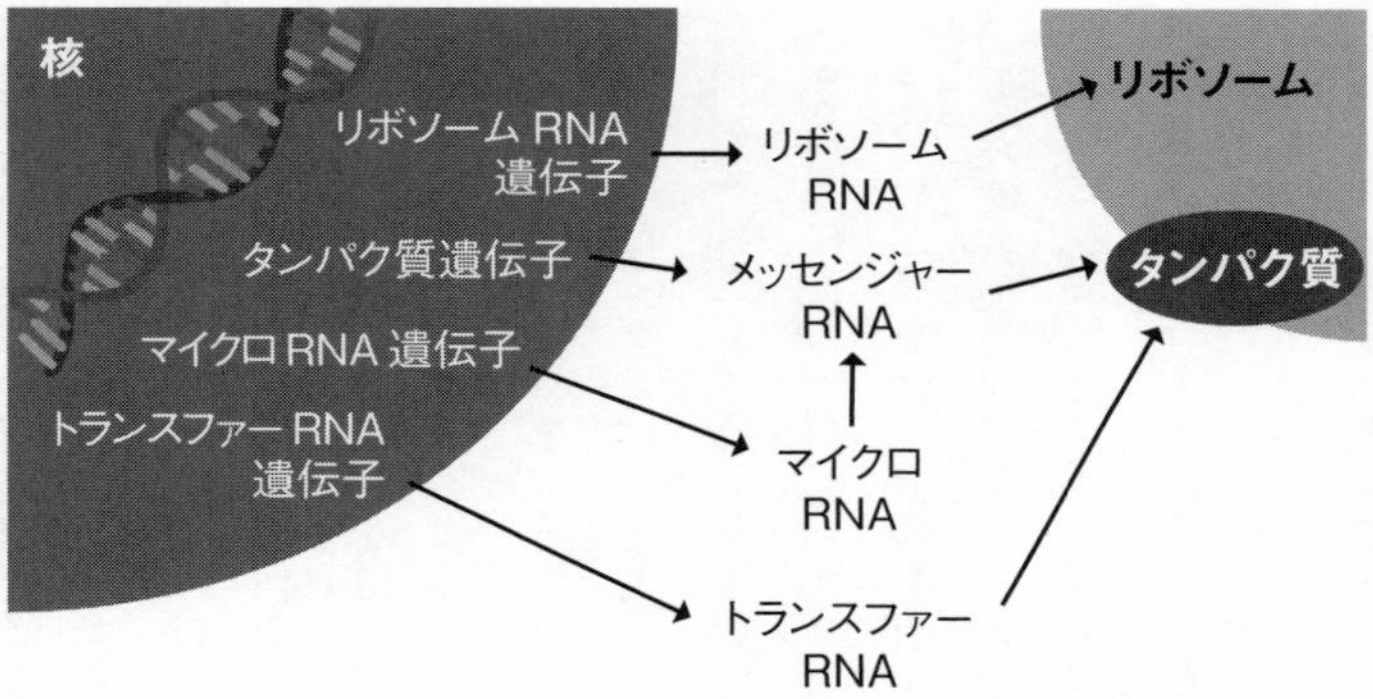

［図 31］核の中に収められている染色体から、遺伝情報が読み取られてタンパク質が作られる。必要なタンパク質の種類と量は時と場所で異なり、厳密な制御の下で転写と翻訳が進められている

同じくRNAからなるトランスファーRNAがアミノ酸を運んできて、メッセンジャーRNAの情報に忠実にアミノ酸を材料にタンパク質が作られます。アミノ酸は二〇種類あり、どれをどの順番でつなげていくかで出来上がるタンパク質の性質が決まってきます。これを「翻訳」と呼び、必要な量のタンパク質が確保できたら翻訳がストップし、メッセンジャーRNAは役目を終えて分解されます。

タンパク質の材料となるアミノ酸を運んでくるトランスファーRNAはRNAから構成されていて、これを作るための「トランスファーRNA遺伝子」が染色体に記録されています。また、タンパク質生産工場である細胞小器官のリボソームは、リボソームRNAを材料の一部として作られていて、これを作るための「リボソームRNA遺伝子」もやはり染色体上に記録されています。

タンパク質を作る情報を有する遺伝子に対して、タンパク質以外のものを作る情報を有する遺伝子があり、トランスファーRNA遺伝子とリボソームRNA遺伝子が昔からよく知られていました。タンパク質情報を保有しているメッセンジャーRNAに対して、タンパク質情報がコードされていないRNAという意味で「ノンコーディングRNA」遺伝子と言います。

トランスファーRNAとリボソームRNAはすべての細胞でよく使われるので、エレガンスゲノム中にはトランスファーRNA遺伝子とリボソームRNA遺伝子がそれぞれ八四三個と二三個もの存在が確認されています。エレガンスの一万三〇〇〇万文字のミトコンドリアゲノム中に、タンパク質をコードする遺伝子一二種類と、ノンコーディングRNA遺伝子としてリボソームRNA遺伝子が二種類、トランスファーRNA遺伝子が二二種類加わり、計三六種類の遺伝子を有するということになります。

トランスファーRNA遺伝子から転写され、約八〇個のA・U・G・Cから構成されるトランスファーRNAが作られます。また、リボソームRNA遺伝子から転写されてできるリボソームRNAは三種類あって、小さいものから約一二〇個、一五〇〇個、二九〇〇個のA・U・G・Cから構成されています。これらは昔からよく知られていて、高校生物でも学ぶRNAですが、たった二一個のA・U・G・Cからなる「マイクロRNA」の存在と、これが生物にとってとても重要な機能をもつことが線虫の研究で明らかになりました。

一九九三年に初めて発表されたマイクロRNA遺伝子［*lin-4*《リン・フォー》］は、DNAから転写されて九四文字となり、その後二一文字へと短く切り取られてしまいます。タンパク質が作られないのですが、この遺伝子に異常をきたした線虫は成熟過程で細胞分裂がうまくいかず、皮膚組織が異常な個体になってしまいます。

たった二一文字のRNAが、しかもタンパク質を作らずに、個体の生存においてとても重要な役割を果たしているなんて、常識を超える発見でした。そのため、当初はあまり注目されなかったようですが、二〇〇〇年に「*let-7*《レット・セブン》」という第二のマイクロRNA遺伝子が線虫で発見され（やはり細胞分裂の調整に必須の遺伝子）、ショウジョウバエやマウス、そしてヒトにおいても*lin-4*や*let-7*と同じ遺伝子をはじめとする、その他のマイクロRNAの存在が続々と確認されて、とうとうその普遍性が示されるようになりました。

マイクロRNAはタンパク質をコードしないのでノンコーディングRNAの一種であり、その多くがほかのさまざまなメッセンジャーRNAに結合して、そこから各タンパク質が作られる翻訳タイミングを厳密に制御する働きをもつことがわかっています。これらの遺伝子が壊れてしまうと、線虫は胚発生過程で正常な細胞分裂が行われずに死んでしまいます。多くの動物および植物種でもマイクロRNAの存在が確認されていますが、その機能にまで深く追求できる生物は、やはり線虫のような実験しやすい生物に限られてしまいます。

未知なる生命現象の仕組みを発見し、遺伝子、細胞、器官そして個体にまでつなげて理解することはモデル生物の役割でしょう。そしてそこからヒトやその他の生物の理解へと広げていくことになります。ヒトではがんの発症あるいは抑制効果のあるマイクロRNA

が知られていて、新たながん治療法の開発研究が進められています。

研究が進んでいるフェロモン

「百聞は一見に如《し》かず」と言うように、あるいは「面接は三秒で決まる」「見た目が大事」「ひとめぼれ」……などの言葉から、我々ヒトは日常生活において視覚にとても頼っていることがよくわかります。夜行性であった哺《ほ》乳《にゅう》類の祖先から、ヒトやゴリラ、チンパンジーをはじめとする狭《きょう》鼻《び》小《しょう》目《もく》が昼行性となり、食べごろの果実などを見分けやすくするため色覚が発達し、視覚の役割が大きくなってきたのではないかとも言われています。テングザルの雄は鼻が大きいほど異性にもてるなど、配偶者選択の際にも視覚に大きく頼っているようです。

第九章で詳しく説明しますが、線虫にも視覚、聴覚、嗅覚《きゅうかく》、味覚、触覚と五感が備わっています。生きていくためにも、感覚器官によって周りの状況を素早く正確に把握《はあく》し、適切な行動をとらなければなりません。

特に嗅覚が優れていて、雄が交尾相手を探すときにとても大切です。異性から放出されるフェロモンを嗅《か》ぎつけるや否《いな》や、雄は食事中であることも忘れ、我先にと交尾相手に向かって一目散《いちもくさん》に這《は》っていきます。食欲よりも勝っているようで、我々の世界で言うひとめぼれと同じく線虫の世界の「ひと嗅ぎぼれ」です［図32］。
同種《どうしゅ》他個体間で行う化学コミュニケーション手段として「フェロモン」の放出と受容が知られていて、交尾相手を魅了する「性フェロモン」、仲間を集める「集合フェロモン」、危険が近づいていることを仲間に知らせる「警告フェロモン」という、昆虫のフェロモンがよく知られています。

自活性線虫エレガンスのフェロモンも、その化学構造から生合成経路について、それを受容する神経およびレセプターについて、そしてそれらが個体の行動へ与える効果について、きわめて詳細な研究が進められています。

線虫は「アスカロサイド」という、糖（アスカリロース）にさまざまな構造が結合した複数種類のフェロモンを恒常的に放出しています。第四章で紹介しましたが、エレガンスが第一期幼虫のとき、個体密度が高いことをお互いの体臭濃度（フェロモン）が高くなることで感知し、耐久型前第二期幼虫そして耐久型幼虫になります。線虫の個体密度が高くなることで耐久型ステージへと誘導する働きをもったフェロモンを探す実験が進められ、アスカロサイドNo.1の物質の化学構造が最初に決定されました［図33］。

線虫を三〇〇〇リットルの培養液で大量培養して、そこから抽出《ちゅうしゅつ》した物質から耐久型幼虫に誘導するフェロモンを見つけ出しました。その後、基本構造は同じで少しずつ異なる

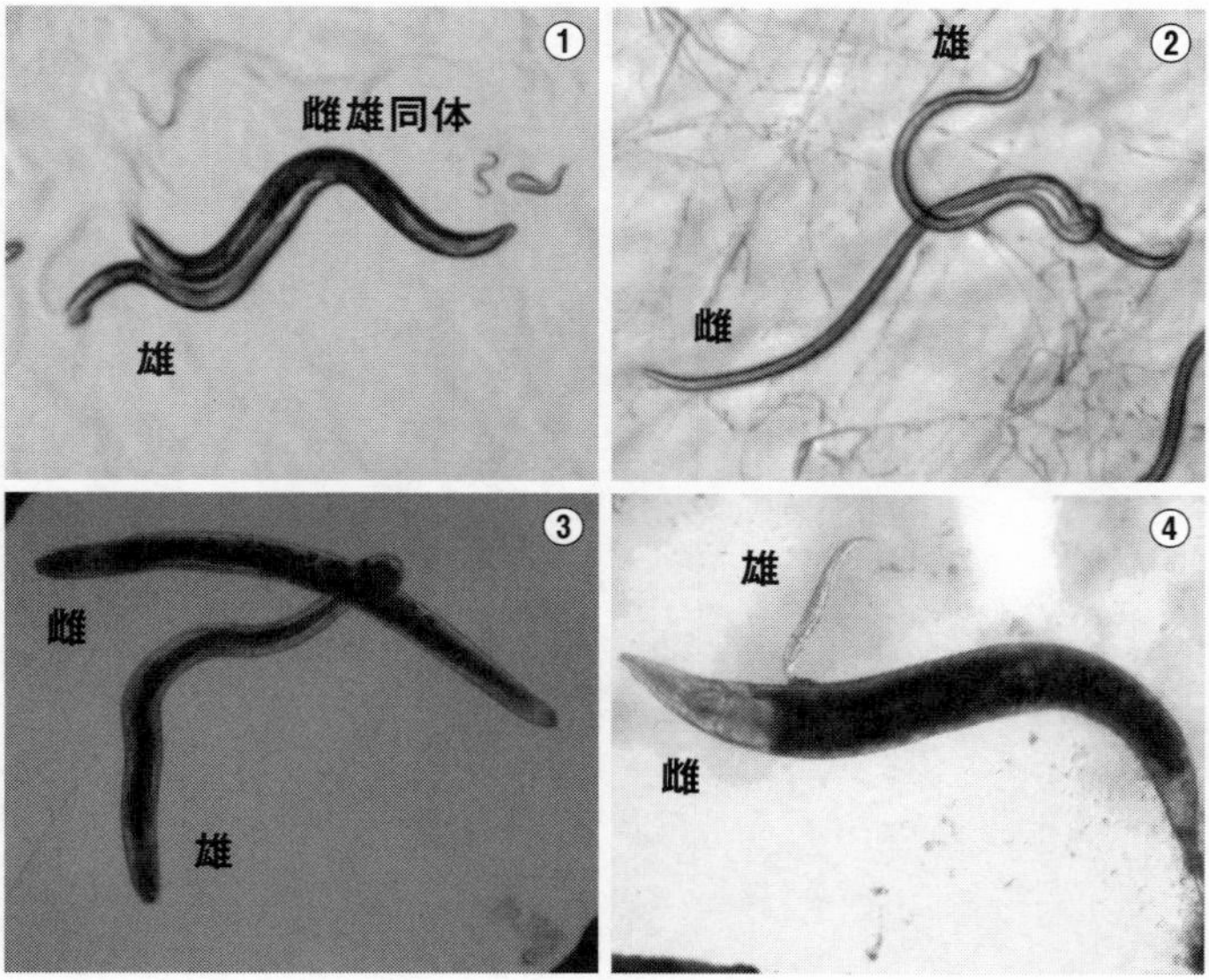

[図 32] 線虫の交尾では、雄が雌あるいは雌雄同体の陰門を探りあて、交接刺を挿入して精子を注入する。①自活性線虫エレガンスの交尾、②日本のマツの病原体マツノザイセンチュウの交尾、③ヤスデ寄生性ライゴネマ線虫の交尾、④雌と比べて雄のサイズがきわめて小さいゴキブリ寄生性ハマーシュ線虫の交尾

構造をもったアスカロサイドが続々と発見され、その効果について研究が進められました。最初に発見されたアスカロサイド№1以上に、耐久型幼虫に誘導する効果のあるフェロモンが発見され、混合することで相乗的な効果があることもわかりました。単独で耐久型幼虫誘導効果があったアスカロサイド№2と№3を混合するとその効果は相乗的に高まり、そこに№5を加えるとすればさらに高まるのです。

続いて、異性を引き付ける性フェロモンの発見を目指して研究が進められたものの、耐久型誘導フェロモンよりもきわめて微量で効果がありそうなこと、線虫ステージごとに放出されるフェロモンの種類と濃度が違いそうであることから、困難を極めたようです。そしてとうとう、雌雄同体から発せられて雄を魅惑する性フェロモンが何とか発見され、その構造が決定されました。

線虫エレガンスの性フェロモンはその構造からアスカロサイド№2や№3であり、何と耐久型誘導フェロモンと同じだったのです。同じ物質にもかかわらず、濃度が高いと（ナノモーラーのオーダー）耐久型誘導フェロモンとして、濃度が低いと（ピコモーラーのオーダー）雌雄同体が雄を誘惑する性フェロモンとして働くのです。そしてやはり単独よりも混合することで相乗的な効果が見られ、アスカロサイド№2と№3を混合すると雄を誘惑する効果が絶大、そしてさらに№2にもう一つ糖をつなげた№4を加えることでよりいっそ

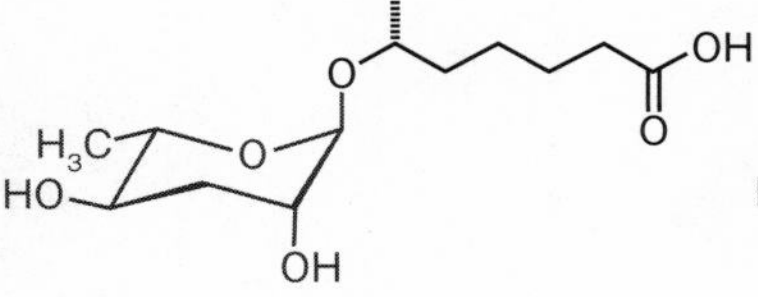

No. 1

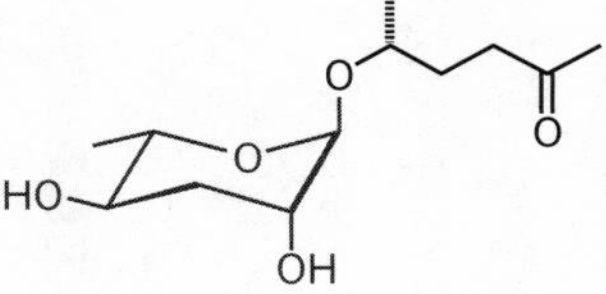

No. 2

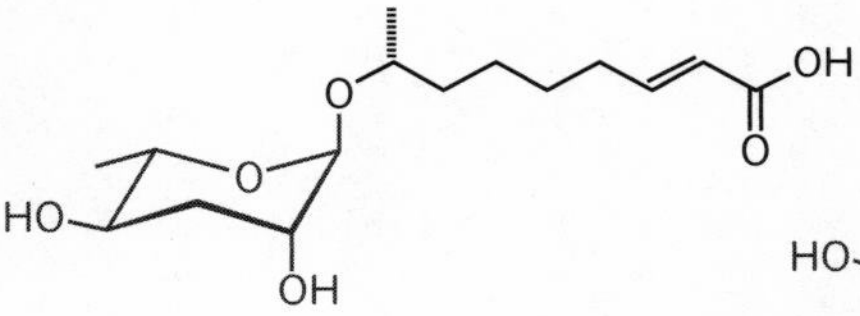

No. 3

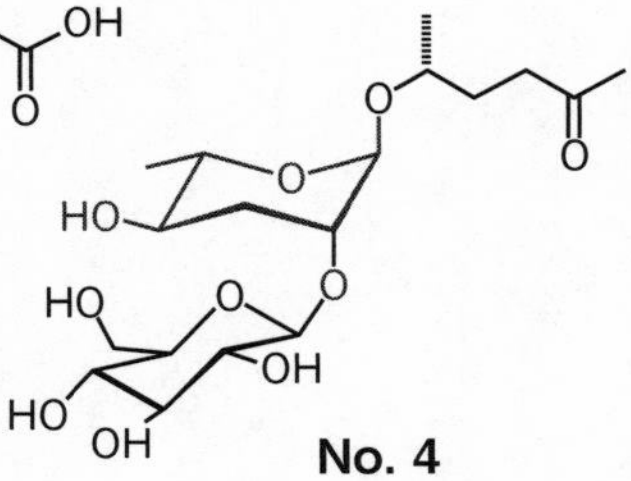

No. 4

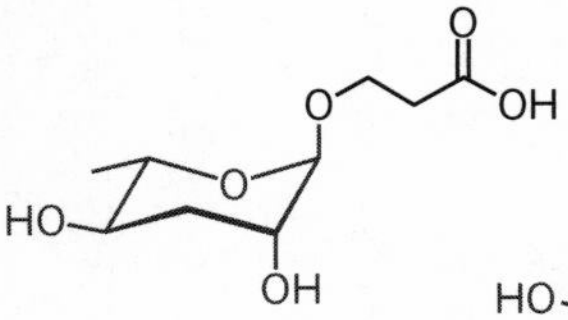

No. 5

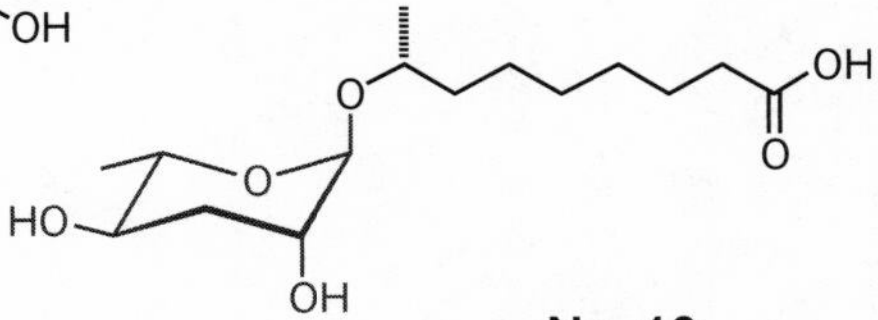

No. 10

[図 33] 線虫のフェロモン「アスカロサイド」の例。環状構造の糖とギザギザと伸びた脂肪酸が結合した構造を基本とし、それぞれ少しずつ異なった形をしている

うの誘惑効果が期待できます。

ちなみに、ここに挙げたアスカロサイドは第四期幼虫から成虫になったばかりの雌雄同体から最も多く放出されているようで、線虫密度が低い環境下ではこの齢が最も雄を誘惑すると言えます。また、雄も誘惑されるがままではなく、雌雄同体を誘惑する効果のあるアスカロサイド№10を放出して相手に果敢にアピールしていることが知られています。同じ匂《にお》い物質でも濃度によってその効果が変わることは、化学物質レセプターとの関係で説明ができます。その仕組みについては第九章でもう少し詳しく説明することにします。

雄と雌雄同体の二種類

ヒトの体細胞は染色体が二三対《つい》の計四六本あって、二二対の「常染色体《じょうせんしょくたい》」と一対の「性染色体」ＸとＹがあることはよく知られています。常染色体は一番大きい一番染色体から最も小さい二一番染色体、それに二二番染色体まで二本ずつ対になっていて、そして性染色体がＸＸあるいはＸＹの組み合わせで計四六本です。性染色体の組み合わせによって性が決まる「雄ヘテロ型ＸＹ性決定様式」で、Ｘ染色体を二本もつ場合は女性、ＸとＹをもつと男性になります。対になっている常染色体同士を相同《そうどう》染色体と言い、お互いが同じ大きさであり、遺伝子の数や種類、並ぶ順番も同じです。

エレガンスは雌雄同体と雄の二種類の性があって、体細胞の染色体は一二本あるいは一一本、常染色体五セット＋性染色体一セットです。エレガンスの場合は「雄ヘテロ型Ｘ《エックス》Ｏ《オー》性決定様式」で、Ｘ染色体を二本もつ場合は雌雄同体となり、Ｘ染色体を一本だけしかもたない場合は雄になります。

染色体型で示す場合、エレガンスの雌雄同体は5ＡＡ＋ＸＸ、雄は5ＡＡ＋ＸＯと示し、ヒトの場合は女性22ＡＡ＋ＸＸ、男性22ＡＡ＋ＸＹというように示します。性染色体の組み合わせによって性が決まる仕組みとして雌ヘテロ型の生物も存在し、その際はＺＷ型（ＺＺが雄、ＺＷが雌）あるいはＺＯ《ゼットオー》型（ＺＺが雄、ＺＯが雌）というように示します。

性の決定様式

動物個体を構成する細胞は「体細胞」と「生殖細胞」の二つに大きく分類でき、皮膚、神経、筋肉、消化器など体を構成する器官は体細胞からなります。成熟した動物個体の体細胞では、遺伝子情報をもとに各器官で必要な反応が活発に進められているとともに、「体細胞分裂」も活発に進められていて、古くなった細胞が除去され新しい細胞へと置き換わっています。

常に新しい細胞が更新されることでその器官の活性が維持されているのですが、動物個体の老化が進むと細胞分裂も遅くなり、古い細胞が更新されるスピードが遅れがちになって器官の機能が低下していき、最終的には動物個体の寿命が尽きていきます。

各器官で作られる新しい体細胞はその器官特有の働きをしなければならず、また必要な細胞数も決まっています。「動物個体」の生命活動を維持する細胞であると言えます。体細胞は染色体を対にもつ「二倍体」であり、染色体の数は生物種によって異なるので、対であるということを示すため一般的に「２Ｎ」と表記します。

また、精子や卵子を専門に作る細胞を「生殖細胞」と呼び、二倍体の「精原《せいげん》細胞」（雄の場合）あるいは「卵原《らんげん》細胞」（雌の場合）が「減数分裂」を行い、各染色体対のうち一方だけしかもたない「半数体」の配偶子が作られます。雄の場合は小さな配偶子の「精子」を、雌の場合は大きな配偶子の「卵子」を、体細胞「２Ｎ」に対して「Ｎ」と表記します。

異なる性の配偶子を融合させて、次世代の二倍体個体「Ｎ＋Ｎ＝２Ｎ」ができます。胚発生段階で「始原《しげん》生殖細胞、２Ｎ」が分化し、形態形成が進む際に精巣《せいそう》あるいは卵巣が作られる位置に移動して精原細胞（２Ｎ）と卵原細胞（２Ｎ）になります。

ヒトの女性の場合、胎児期に卵原細胞が体細胞分裂により数を増やし、そのあと減数分裂が第一分裂まで進んだのち一旦停止します。女性は「一次卵母細胞」となった約一〇〇万〜二〇〇万個の卵子をもって産まれ、以後は卵子が分裂して数が増えることはありません。出生後、成長して思春期になると脳からホルモンが分泌《ぶんぴつ》されることがきっかけで、順番に減数分裂が少し進んで「二次卵細胞」となった卵子が一つずつ排卵されます。多くの卵子の中でも順調に成熟したもののみ、一生の間に四〇〇〜五〇〇個が排卵されることになり、卵子の減数分裂が最後まで進むのは受精してからです。

一方、ヒトの男性の場合、成長して思春期になるとやはり脳からのホルモン分泌がきっかけで、精巣にて精原細胞（2N）が体細胞分裂を続けながら同時に減数分裂を進めて精子（N）を作ります。ヒトの卵子は限りがあり、排卵しつくしてしまう閉経《へいけい》がありますが、精子の場合、老化とともに生産能力が衰えるものの一生涯作られ続けます。

第四章で紹介しましたが、エレガンスの胚発生期で原腸陥入《げんちょうかんにゅう》の始まる二六細胞期に「始原生殖細胞2N」があらわれます。孵化《ふか》したての第一期幼虫は、体の中心に始原生殖細胞を「二個」もっていて、雌雄同体個体の場合、成長にしたがい生殖巣が頭部および尾部《びぶ》方向に向かって伸長し、その中に含まれる始原生殖細胞（2N）も体細胞分裂により数を増やしていきます。

第三期幼虫のとき、数が増えた始原生殖細胞（2N）のうち一部が減数分裂を開始し、第四期幼虫の間に精子（N）が生殖巣一本につき約一五〇個、二本分の計およそ三〇〇個が完成し、貯精嚢に保存されます。成虫になると、今度は生殖巣で卵子を作り続けます。エレガンス雌雄同体一頭が作る精子の数が決まっているので、そこから自家受精により産まれる次世代は約三〇〇頭となります。

雄の場合も第一期幼虫は二個の始原生殖細胞（2N）をもち、成長に従って生殖巣が前後に伸長し、そして一本の精巣の中で始原生殖細胞（2N）は体細胞分裂により数を増やしていきます。成熟した雄は、減数分裂により精子（N）を作り続けます。実験室で培養すると、エレガンス雌雄同体は成熟後四日間ほど受精卵を産み続け、そのあと精子が枯渇するので未受精卵を産みます。精子を使い果たした雌雄同体が雄と交尾すると、新たに供給された精子を使って受精卵を産むことができます。また、自前の精子を使い果たす前の雌雄同体が雄と交尾すると、雄から供給された精子を優先的に受精させます。そして雄の精子を使用した場合、次世代の性比は雄と雌雄同体が半分ずつになります。

ここで体細胞と生殖細胞の染色体構成に注目して、エレガンスの性決定様式を見てみたいと思います［図34］。

雌雄同体の体細胞は二倍体の染色体構成で5AA＋XX（2N＝12）、減数分裂により半数体の配偶子が作られた場合、精子と卵子はともに5A＋X（N＝6）です。自家受精を

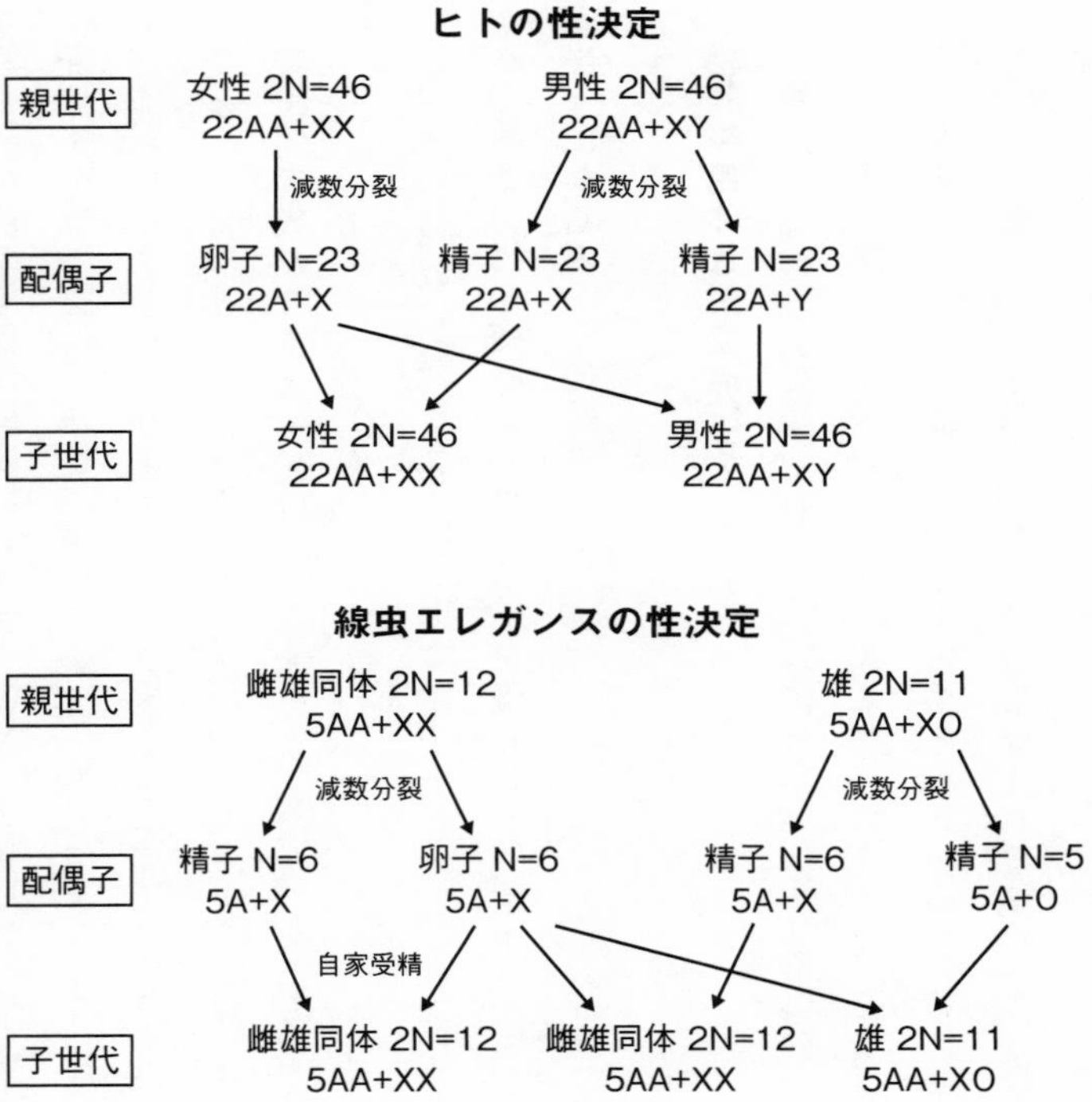

[図 34]　体細胞と生殖細胞の染色体構成に注目したエレガンスの性決定様式。有性生殖により両親から子へ半分ずつ染色体が受け継がれること、そして性染色体の組み合わせによって性が決まることがわかる

すると次世代の染色体構成は5AA＋XX（2N＝12）、すべて雌雄同体の性です。

配偶子形成の際に、たまに減数分裂を失敗してX染色体を分配し忘れた精子あるいは卵子が作られることがあります。このときの染色体は5A＋O（N＝5）となりますが、配偶子としては問題なく使用され、5A＋X（N＝6）の精子あるいは卵子と受精することで染色体構成が5AA＋XO（2N＝11）の次世代が生み出され、これが雄個体となります。

雄個体が減数分裂により作り出す精子は5A＋X（N＝6）と5A＋O（N＝5）が半々、雌雄同体と交尾して雄の精子を優先して使用すれば、次世代の性比は雄と雌雄同体が半々になるという仕組みです。

相同染色体と対立遺伝子

二倍体の細胞は染色体が対になっていて、対となる染色体同士を「相同染色体」と呼び、それぞれ精子と卵子から受け継ぎます。つまり対になっている染色体のうち一つはお父さんから、もう一つはお母さんから譲られるということです。相同染色体同士は同じ大きさで、DNAの文字数も同じ、そこに記される遺伝子の種類と並び順も基本的には同じです。

相同染色体上にある同じ種類の遺伝子同士を「対立遺伝子」と呼び、作られるタンパク質は同じなのですが「個性」があります。つまり対になっている対立遺伝子も一つはお父さんから、もう一つはお母さんから譲られるということで、どちらかの遺伝子が強かったり弱かったりすると、その性質が受け継がれるのです。遺伝子が強いか弱いかという場合、そこから作られるタンパク質の働き（活性）が高かったり低かったりする差かもしれませんし、タンパク質を作り出す機能（どれだけ作るか）かもしれません。

具体的に例を挙げながら見ていくと、エレガンスの染色体Ⅲの中ほどに、アルデヒド（アルコールなどを分解した際にできる有毒な副産物）を解毒《げどく》する「アルデヒドデヒドロゲナーゼ」酵素を作る *alh-1*《エーエルエイチ・ワン》 遺伝子があります。体細胞（2N）の染色体Ⅲは一対二本あって、その二本は精子と卵子由来の相同染色体であり、同じ位置に対立遺伝子*alh-1*が記録されています。それぞれ同じ酵素が作られるのですが、A・T・G・Cの文字が微妙に違うことから、アルデヒドデヒドロゲナーゼ酵素が作られる量（遺伝子発現量）や酵素の分解能力が違うことがあります。

対立遺伝子の一方が壊れていてまったく機能を果たさなくても、もう一方が正常であれば、アルデヒドを分解することができるので、その個体の生存には影響しません。ただし、遺伝子によっては対立遺伝子の両方が協調して働く場合もあれば、どちらか片方しか働かない場合もあります。

対立遺伝子が協調して正常な働きが見込める場合、一方の対立遺伝子が壊れていれば正常な働きの半分しかないので、その個体に何らかの不具合が生じることになります。アルデヒドデヒドロゲナーゼ遺伝子*alh-1*の場合、対立遺伝子のうち片方が壊れていれば、対立遺伝子の両方が正常に働く場合と比べてアルコールに対する抵抗力が弱くなってしまいます［図35］。

また、雌雄同体はX染色を二本もっているので対立遺伝子をペアでもっていますが、雄はX染色体を一つしかもっていません。雄の場合、X染色体上の遺伝子が壊れていれば相補する対立遺伝子が存在しないので、その場合は影響がすぐに出てきてしまいます。

世代を超えた遺伝子の受け渡し

次に有性生殖の場合において、染色体が「祖父母」「父母」「子」の三世代を経て受け継がれるパターンを見ていきます。親世代（父親と母親）の体細胞（2N）は、それぞれの両親（祖父と祖母）の相同染色体2本のうちの一つを受け継いでいます。そして二対四本（2N＝4）、染色体Ⅰと染色体Ⅱを体細胞にもっている場合を考えてみると、親世代の体細胞染色体構成（2N＝4）を「祖父Ⅰ／祖母Ⅰ：祖父Ⅱ／祖母Ⅱ」とします。「／」は相

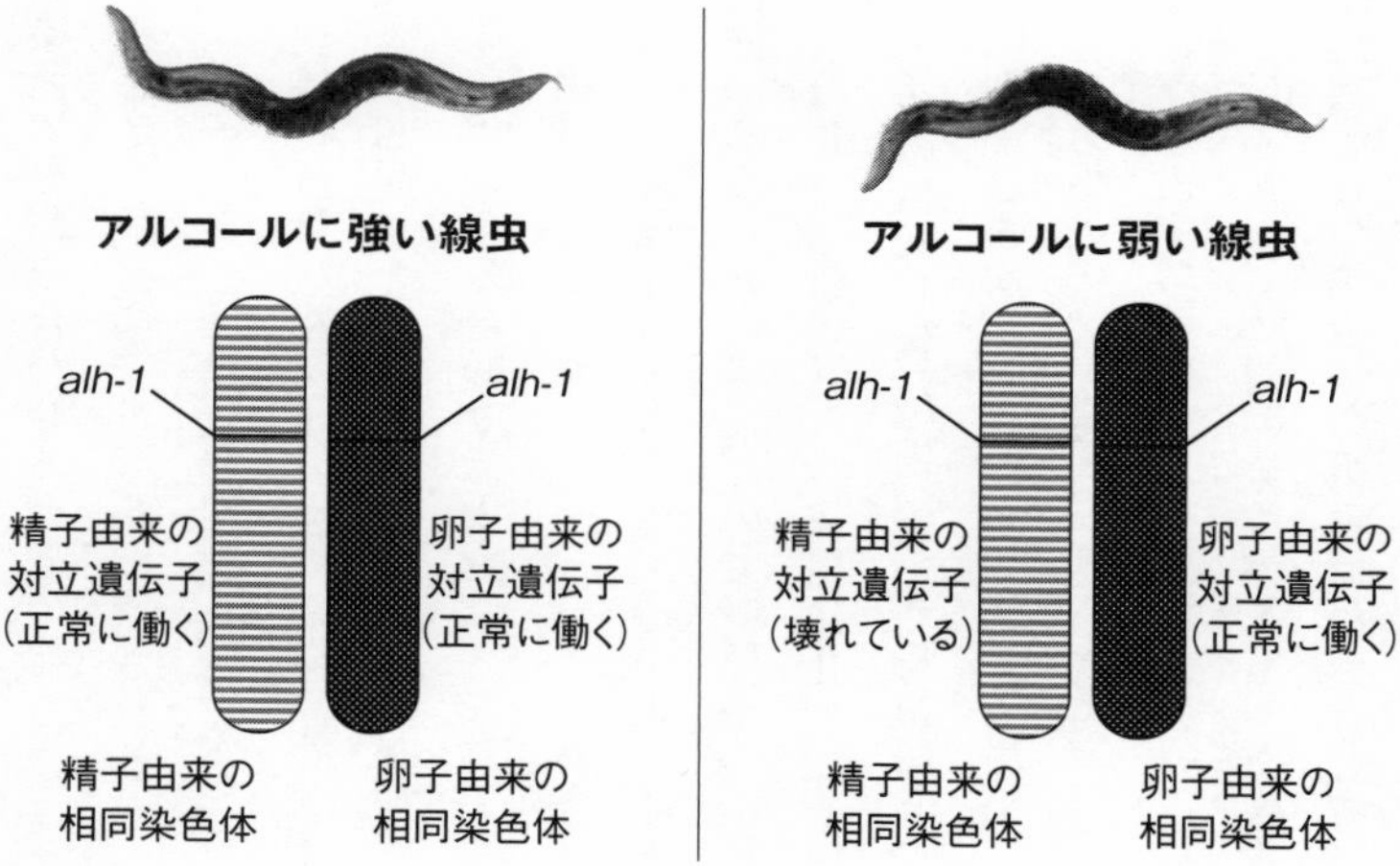

［図 35］相同遺伝子と対立遺伝子。両親から受け継いだ二つの遺伝子はともに正常である個体（左側）と比べて、片方が壊れていたら合計して半分の働きしか発揮できない個体（右側）となる場合もある

同染色体を組み合わせるときの記号、「；」は染色体を組み合わせるときの記号です。

そして、配偶子（N）が形成されると、精子は父方の祖父母の染色体のうちどちらかが、卵子（N）には母方の祖父母の染色体のうちどちらかが受け継がれるので、配偶子の染色体構成は「祖父Ⅰ；祖父Ⅱ」「祖父Ⅰ；祖母Ⅱ」「祖母Ⅰ；祖父Ⅱ」「祖母Ⅰ；祖母Ⅱ」の四通りとなります。n対（2N＝2n）の染色体構成の場合、配偶子（N＝n）が持つ染色体の組み合わせは2^n通りとなり、六対の場合は2^6＝64通り、二三対の場合は2^{23}＝約8×10^6通りです。

精子の染色体は父方の祖父母由来、卵子の染色体は母方の祖父母由来、四種類の相同染色体があるとして考えるので、精子の染色体構成を「父祖父Ⅰ；父祖父Ⅱ」「父祖父Ⅰ；父祖母Ⅱ」「父祖母Ⅰ；父祖父Ⅱ」「父祖母Ⅰ；父祖母Ⅱ」、卵子の染色体構成を「母祖父Ⅰ；母祖父Ⅱ」「母祖父Ⅰ；母祖母Ⅱ」「母祖母Ⅰ；母祖父Ⅱ」「母祖母Ⅰ；母祖母Ⅱ」と区別できます。したがって、「子世代の体細胞」は二対四本（2N＝4）の場合4×4＝16通りの染色体の組み合わせ、n対（2N＝2n）の染色体構成の場合は2^n×2^n通りの計算となります［図36］。

2N＝46本、23対の染色体をもった生物が有性生殖により子世代を産む場合、子世代の体細胞がもつ染色体の組み合わせとして2^{23}×2^{23}＝約7×10^{13}パターンが想定できます。

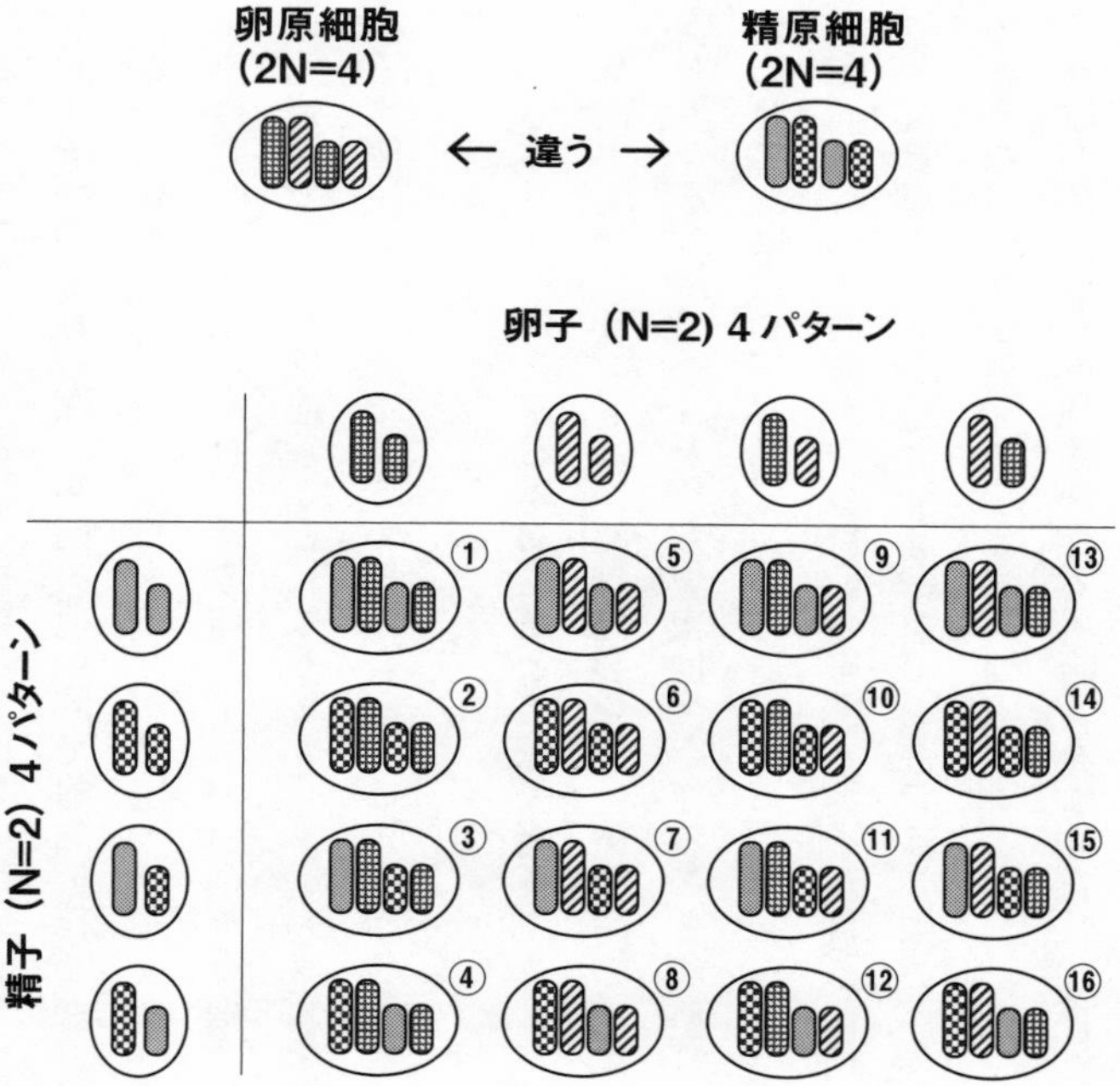

［図 36］雄と雌、異なる個体由来の配偶子を使ってできる次世代の染色体組み合わせパターン

ところで、染色体一本には数百数千種類の遺伝子が記録されていますが、減数分裂により配偶子が作られる際、相同染色体間で対立遺伝子がランダムに交換されます。染色体の組み合わせだけでも膨大なパターンが想定できますが、子世代の体細胞がもつ「遺伝子の組み合わせ」に注目すればそのパターンがいっそう増えていきます。同じ両親から生まれる兄弟間でこれだけ違うことになります。タンパク質をコードする数万種類の遺伝子にそれぞれ個性があり、それらの組み合わせの違いが生物個体の個性として反映されます。

一個体で次世代を産む単為生殖と自家受精

有性生殖のポイントは、減数分裂を行い精子や卵子といった配偶子を作ることにあり、親と異なる遺伝子セットをもつ次世代を作ることにあります。別個体由来の配偶子を組み合わせて次世代を作れば、新たな遺伝子セットをもつ次世代ができることはよくわかりますが、雌雄同体個体がもつ自前の精子と卵子が自家受精して個体発生が進む場合と、卵子が単独で個体発生が進む単為生殖の場合では、染色体そして遺伝子の組み合わせが次世代でどうなるのかを考えていきましょう。

雌雄同体個体が配偶子を作る場合、まず親世代の体細胞は「相同染色体が違う」ということを前提とし、今回も染色体構成（2N＝4）を「祖父Ⅰ／祖母Ⅰ：祖父Ⅱ／祖母Ⅱ」

とします。配偶子の染色体構成は「祖父Ⅰ：祖父Ⅱ」「祖父Ⅰ：祖母Ⅱ」「祖母Ⅰ：祖父Ⅱ」「祖母Ⅰ：祖母Ⅱ」の四通り、やはりn対（2N＝2n）の染色体構成の場合は配偶子（N＝n）がもつ染色体の組み合わせが2^n通りです。

自家受精は自前の精子と卵子を使うので、精子および卵子の祖父母は共通していて、各染色体の対立遺伝子はそれぞれ二種類です。そうすると、子世代の体細胞（2N）における各染色体の組み合わせは「祖父／祖父」「祖父／祖母」「祖母／祖母」の計三通りとなります。子世代の体細胞は二対四本（2N＝4）の場合3×3＝9通りの染色体の組み合わせ、n対（2N＝2n）の染色体構成の場合は3^n通りの計算となります。つまり減数分裂が行われていれば、自家受精であっても次世代の染色体そして遺伝子の組み合わせに多様性が生まれそうです［図37］。

ただし、この説明は親世代がもつ「相同染色体が違う」という前提であって、「相同染色体が同じ」である場合の子孫はクローンとなります。その場合、親世代の体細胞（2N＝4）の染色体構成を「祖母Ⅰ／祖母Ⅰ：祖母Ⅱ／祖母Ⅱ」としてみると、精子と卵子ともに「祖母Ⅰ：祖母Ⅱ」なので、自家受精を行えば次世代もその次の世代も同じ染色体構成、つまりクローンです。

また、線虫の単為生殖の場合、体細胞分裂型と減数分裂型の二種類があり、そして体細胞は常に二倍体です。体細胞型単為生殖は、文字通り減数分裂を経ずに二倍体のまま親から次世代が生まれます。この場合は無性生殖と同じく、クローンを生むことになります。減数分裂型の場合、減数分裂を完了した卵子（N）が、減数分裂の過程で放出した第二極体（N）と融合し、二倍体（2N）となってから次世代の個体発生が始まります。この場合は自家受精と同じ仕組みなので、次世代の染色体そして遺伝子の組み合わせに多様性が生まれます。

性を決める遺伝子の仕組み

性染色体の組み合わせによって性が決まり、性が違えば雄の体と雌（あるいは雌雄同体）の体というように体の構造も変わり、そして異なる配偶子を作るようになります。染色体の組み合わせの違いは遺伝子の組み合わせの違いなので、遺伝子がどのように性をコントロールしているのかをもう少し突っ込んで見ていきたいと思います。

線虫エレガンスの体細胞の染色体構成をもう一度見てみると、雌雄同体は5AA＋XX、雄は5AA＋XO、常染色体の本数は同じですが性染色体は雄が一本少ないことになります。このことは、二つの異なる性の間で、常染色体に記録されている遺伝子の数が同じでも、性染色体に記録されている遺伝子の数が異なることを意味します。常染色体に記

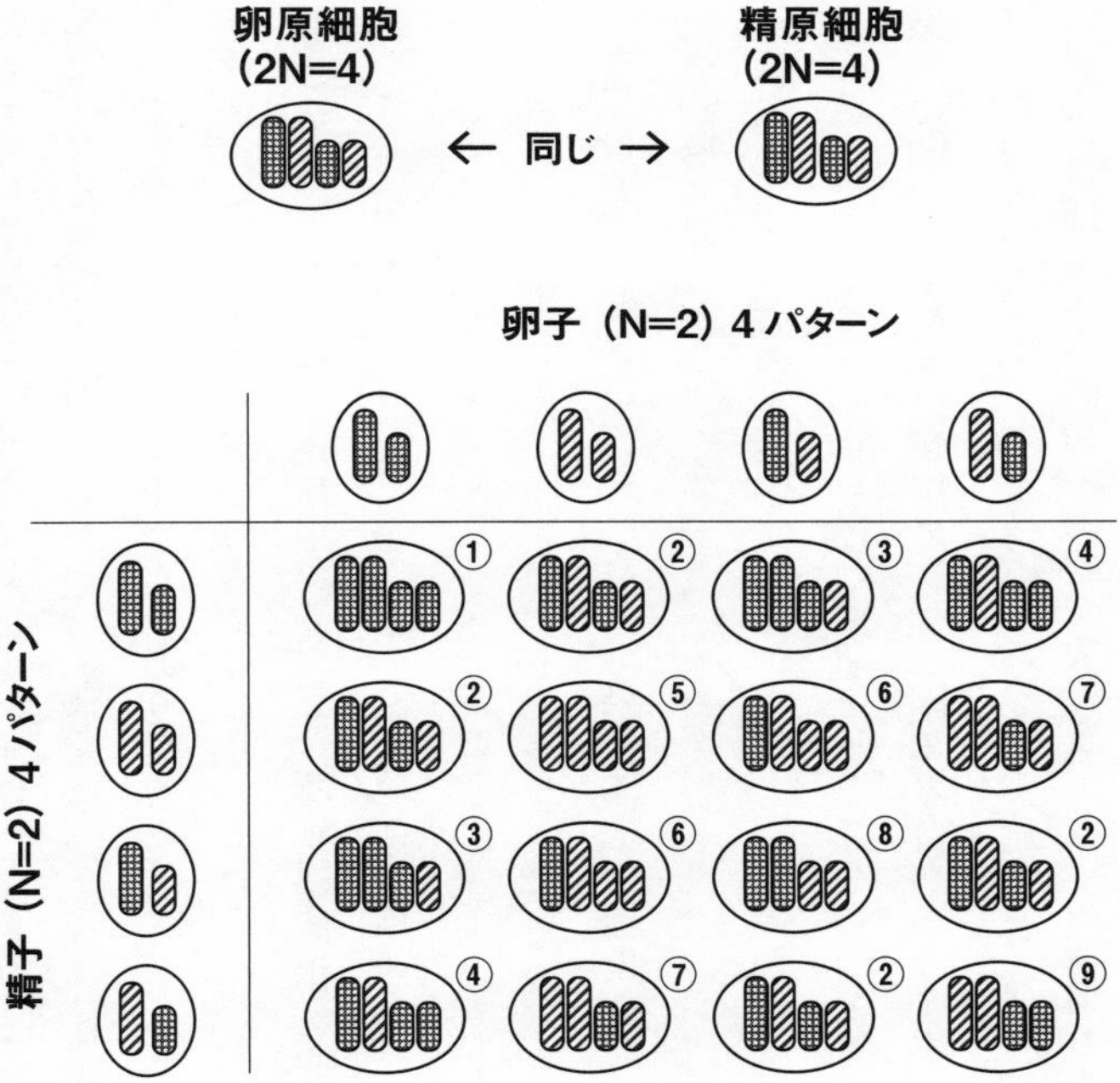

［図 37］同一個体（雌雄同体）由来の配偶子を使ってできる次世代の染色体組み合わせパターン

録されている遺伝子はすべて対立遺伝子がペアになっていて二個ずつあるのですが、雄の場合、X染色体上に記録されている遺伝子（三九五九種類あります）は対立遺伝子がペアになっていないので、一個ずつしかありません。

性決定にかかわる遺伝子は複数存在し、それらは性染色体上だけでなく常染色体にも分散しています。性染色体上にあり、雌雄同体化を促《うなが》す「きっかけ」を作る遺伝子（*sex-1*《エスイーエックス・ワン》遺伝子、*fox-1*《フォックス・ワン》遺伝子）と、常染色体上にあり雄化を促す「きっかけ」を作る遺伝子（*sea-1*《シー・ワン》遺伝子、*sea-2*《シー・ツー》遺伝子、ともに染色体Ⅱにある）が拮抗《きっこう》して、性が決まる「きっかけ」が決定されます。X染色体が一本しかない雄では、雌雄同体化を促す*sex-1*遺伝子と*fox-1*遺伝子の働きが弱いため、常染色体上の雄化を促す*sea-1*遺伝子と*sea-2*遺伝子の働きが勝り雄となるのです。

線虫エレガンスのX染色体には約四〇〇〇種類もの遺伝子が記録されていて、性決定以外の遺伝子も多く、これらは対立遺伝子を二つもつXXの雌雄同体と一つしかないXOの雄との間で働きに違いが出てきては困る場合があります。そうならないように雌雄同体がもつ二本のX染色体全体の働きを半分にして、XXとXOとの間で差がないようにする「遺伝子量補正」の機構が備わっています。この機構もまた、上記の性決定を促す「きっかけ」から発動することがわかっています。

孵化したばかりのエレガンス第一期幼虫は、雄と雌雄同体の形体的区別が困難で、その後の成長・成熟過程で性の違いがはっきりと現れてきます。陰門《いんもん》や交接刺《こうせつし》といった体構造、卵巣や精巣で作られる配偶子、そして行動を制御する神経配置も異なります。

さまざまな遺伝子がお互いに「抑制的に」あるいは「促進的に」そして「時空間的に」協調して厳密に制御されています。複数の遺伝子が時空間的に作用しながら生物の発生や行動を制御する「遺伝子カスケード」の研究は線虫が得意であり、性決定をはじめ生命活動の遺伝子制御機構が一番よく理解されている動物であると言えるでしょう。

環境で性が決定する場合も

性染色体の組み合わせではなく、環境により性が決まる環境性決定が線虫を含めてさまざまな生物で知られています。シヘンチュウのある種は、感染した節足《せっそく》動物宿主《しゅくしゅ》体内の線虫密度が高い場合は雄に、密度が低いと雌に、中間の場合は雄と雌の両性があらわれると報告されています。

次の章で紹介する昆虫病原性《こんちゅうびょうげんせい》線虫ヘテロラブディティス・バクテリオフォーラは、「雄」「雌」そして「雌雄同体」の三つの性が見られ、感染態《かんせんたい》幼虫が節足動物宿主に感染して成長すると雌雄同体となりますが、次世代以降の宿主体内で増殖する（栄養が十分にある状態）ときは雄と雌と雌雄同体の三種類が見られます。感染態幼虫一頭でも、宿主昆虫に感染すると増殖することができる仕組みです。

これらは性決定遺伝子の活性が栄養状態と関係していると思われますが、これを明確に示す研究成果はまだありません。本章の冒頭で出てくるマツノザイセンチュウやオキナワザイセンチュウには性染色体がなく、エレガンスで研究が進んでいる性の「きっかけ」を決める四つの遺伝子もゲノム中に見当たりません。おそらくランダムに性が決まるのではないかと予測されましたが、性比をほぼ一対一に調整するランダムなメカニズムはどういったものなのでしょうか。

イネシンガレセンチュウもゴキブリ寄生性線虫も、それぞれ特有の生態をもち、そしてその環境において子孫を残しやすい性比となったはずです。「なぜ」、「どのように」各生物に備わる特徴を進化させてきたのか、その問いに答えるうえで線虫はとても有効な生物であることが理解できたかと思います。

我々がまだ知らない生命現象の新たな発見も、線虫を通して出てくるでしょうし、生物学の未解決の課題も着々と線虫の研究で発表されているので、今後の線虫学者たちの成果に期待しましょう。

第六章

進化をもたらした共生と競争

個体にとって、種にとって

日本語で「共生《きょうせい》」といえば、異なるもの同士がお互い協力し合いながら生きている様子を示す際に使われる言葉です。自分と違うからと排除するよりも、異なるもの同士が良好な協力体制を確立できたならば、お互いの弱点を補完して可能性が広がるはずです。さまざまな人種や文化を背景にもつもの同士が互いの違いを認め合い、構成員としてともに生きていく「多文化共生社会」は、少子高齢化が加速する日本社会が目指すべきものかと思われます。国や地域の活力を維持するためにも共生はとても重要なコンセプトでしょう。

生物学で「共生」（シンバイオシス）と言う場合、異なる生物種間で何らかの相互関係が繰り広げられている様子を示します。そのときの利害関係は問いませんが、共生する二種類の生物間の利害関係に注目すると次のような六種類の関係が挙げられます。

①相利共生《そうりきょうせい》（ミューチュアリズム）……お互い共生することでメリットを生じる関係

②片利共生《へんりきょうせい》（コメンサリズム）……どちらか片方だけ利益があり、もう片方には利益も害もない関係

③中立（ニュートラリズム）……お互い利益も害もない関係

④片害（アメンサリズム）……どちらか片方だけ害をこうむるがもう片方は何ともない関係
⑤寄生（パラシティズム）……片方にメリットがありもう片方が損をしている関係
⑥競争（コンペティション）……お互いマイナスの関係

これらの関係性すべてが「共生」で、私たちの身の回りにもこういった生物間関係はすぐに見つかるかと思います。ただし、ここでは異なる種間の関係性であることを念頭に置いておくことを忘れないようにしてください。

個体にとっての利害関係と、種にとっての利害関係とを少し分けて考えなければなりません。例えば同種内の雄同士は雌を奪い合うための「競争」が行われる場合があり、お互い消耗するのですが強い雄の子孫を残せるというメリットもあります。

相互作用する生物同士の依存度

続いて、相互作用する二種類の生物の依存度、すなわち自らの生存が相手との相互作用に必須であるかどうかの点を考慮して、改めて生物間の利害関係をまとめてみました［図38］。

二種類の生物（生物AとBとし、これらは同種ではないという前提）が相互作用しなくてもそれぞれ生きていくことができ、相互作用したときに何らかの結果が生じる共生関係を「任意的共生関係」と言い、片方あるいはどちらかが相互作用しなければ生きていけない共生関係を「絶対的共生関係」と言います。

生物Aが寄生生物、生物Bが宿主《しゅくしゅ》として寄生関係の項目を見てみると、生物Aは宿主である生物Bに百パーセント依存して生活するので、宿主と相互作用しなければ生きていくことができません。ところが生物Bは、生物Aに寄生されていなくても生活でき、逆に寄生されることで栄養を奪われてしまうのでマイナスとして判断されます。

ただし、そのマイナスは大した損害でない場合もあれば、生存を脅《おびや》かすほどの悪影響を及ぼす場合もあります。宿主が次世代を残せないほどの悪影響を及ぼす場合は、共生とは言えず病原体として区別するべきではないかと思います。また、宿主が元気なときは良好な共生関係を維持できたとしても、何か別の要因で宿主が弱ってしまった際に寄生によるマイナスの影響が大きくなってしまい、宿主の命を脅かすことになる場合もあります。これを日和見《ひよりみ》感染と呼び、ヒトを例に挙げれば緑膿菌《りょくのうきん》感染症（細菌）や帯状疱疹《たいじょうほうしん》（ウイルス）、糞線虫症（線虫）が挙げられます。

ある宿主と良好な関係（宿主への負担がほとんどない）であった寄生生物が、宿主が変われば深刻な病原体になる例もまたたくさんあります。単純に二種類の生物間関係を取り上

生物間相互関係	相互作用ないとき		相互作用あるとき		相互作用した結果
	生物 A	生物 B	生物 A	生物 B	
中立 A と B は無関係	0	0	0	0	お互い影響ない
競争 A と B は競争関係	0	0	―	―	相互作用がある場合のみ排除しあう
片害 B が A を排除する（極端な競争）	0	0	―	0	A にとって B はマイナス作用、しかし B へ影響はない
片利共生 A が B を利用する関係	0	0	＋	0	必要不可欠ではないが、片方にとってメリットがある
相利共生 A と B は協力関係	0	0	＋	＋	必要不可欠ではないが、相互作用したほうが相互に良くなる
片利共生 A が B を利用する関係	―	0	＋	0	A にとって B は必要不可欠、しかし B へ影響はない
相利共生 A と B は絶対的協力関係	―	―	＋	＋	相互に必要不可欠であり、相互にメリットがある
寄生 A が B に寄生する関係	―	0	＋	―	A にとって B は必要不可欠、しかし B にとって A はマイナス
捕食 A が B を捕食する関係	―	0	＋	―	A にとって B は必要不可欠、しかし B にとって A はマイナス

［図 38］ 生物の相互関係。0 は影響がないこと、＋はプラスに作用すること、－はマイナスに作用することを表す。第三章で見てきた、生物界のあらゆる生物と線虫との間で、表のような何らかの相互関係が見られる

げても、寄生・共生・病原性と変化しうる場合が多いのです。
真核《しんかく》生物の細胞小器官《さいぼうしょうきかん》であるミトコンドリアや葉緑体は、もともと独立して生活していた原核《げんかく》生物が共生した結果であるとする細胞内共生説について、高校生物の教科書でも学びます。細胞レベルでもそういった寄生・共生の進化イベントが繰り広げられていて、生物の世界を見渡せば二〇〇回以上、そして線形《せんけい》動物門の中でも一五回以上、寄生性が独自に進化したと言われています。

前述しましたが、もともと自由生活性の祖先種が宿主祖先種との関係を深め、いつしか寄生・共生関係が進化したと一般的に考えられています。いきなり一緒に生活できるようになることはまず期待できません。寄生関係を獲得する前段階として宿主への「事前適応時期」があり、宿主がいなくても生活できる「任意的寄生性」（日本語では通性寄生性ということが多いのですが、任意的寄生性としたほうがわかりやすいかと思います）を経て、宿主がいなければ生活できない「絶対的寄生性」を確立させてきたと考えられます。

タイムマシーンに乗って過去に行くことができないので、現存する生物の中から自由生活性、任意的寄生性、絶対的寄生性の生態を有する種を探し、それらが近縁種である組み合わせを見つけられたら、寄生性の進化がより明確に理解できるようになるかもしれません。

次に、殺虫活性を有する細菌と共生関係を確立し、昆虫を殺して栄養を搾取《さくしゅ》する昆虫《こんちゅう》病原性《びょうげんせい》線虫を例に挙げ、寄生・共生・病原性とその進化について見ていきたいと思います。

宿主を殺してしまう病原性線虫

土壌《どじょう》中に生活する線虫の仲間に、昆虫の体内に侵入し、これを殺して栄養を奪う線虫が存在します。これは昆虫寄生性線虫ではなく「昆虫病原性線虫（entomopathogenic《エントモパソジェニック》 nematode《ネマトーダ》）」で、頭文字をとってEPN《イーピーエヌ》と略します。「エントモ（entomo）」はギリシャ語で「昆虫の」という意味であり、「パソジェニック（pathogenic）」は病原体を表しています。

宿主と一緒に生活するのではなく、シヘンチュウと同じく宿主を殺戮して栄養を摂取するような進化を遂げ、生物農薬として実用化されている種もEPNの仲間に存在します。しかしEPNはシヘンチュウとは異なる生物グループであり、ある種の細菌と相利共生関係を確立した興味深い性質が見られます。EPNと呼ばれる線虫はどういった生き物なのか、まずは宿主の感染サイクルを見てみることにしましょう。

EPNの獲物《えもの》は、自分よりもはるかに大きくかつ素早く動く節足《せっそく》動物です。宿主として昆虫種が多いですが、昆虫以外の節足動物をターゲットにするＥＰＮもいます。世界中のいろいろな地域の土壌の中に感染態《かんせんたい》第三期幼虫として存在し、積極的に行動し獲物を探索するものや、近くを通る獲物をじっと待ち構えているものなどがいます。

自分の好みの節足動物から放出される匂《にお》いを手がかりにターゲットを絞り、近づいてきたら体表面に飛びつきます。口や肛門《こうもん》、気門《きもん》（胸から腹にかけ左右に開いている何対《つい》かの空気交換の穴）から節足動物体内に侵入し、組織を破って体腔《たいこう》内に入り込みます。節足動物体内に侵入を果たしたＥＰＮは、隠しもっていた「共生細菌」を放出します。共生細菌は節足動物の免疫《めんえき》応答を抑制しながら複数の殺虫毒素を生産し、たった一頭のＥＰＮが侵入したとしても数日のうちに宿主を死に至らしめることもあります。

ＥＰＮの共生細菌は、殺虫活性のある化学物質のみならず、節足動物の細胞を分解し柔らかくして食べやすくする酵素、ほかの微生物を排除する抗生物質、動物死体を餌《えさ》にするアリやハエなどを忌避《きひ》させる化合物などを生産することが知られています。共生細菌の殺虫活性の過激さには驚かされます［図39］。

ＥＰＮの共生細菌は、節足動物の死体を栄養にして増殖します。そして増殖する細菌と柔らかくなった節足動物の死体がＥＰＮの餌となります。節足動物体内に侵入したＥＰＮ感染態第三期幼虫は、増殖型第四期幼虫へと脱皮《だっぴ》し、栄養を摂取しながら成長・成熟して

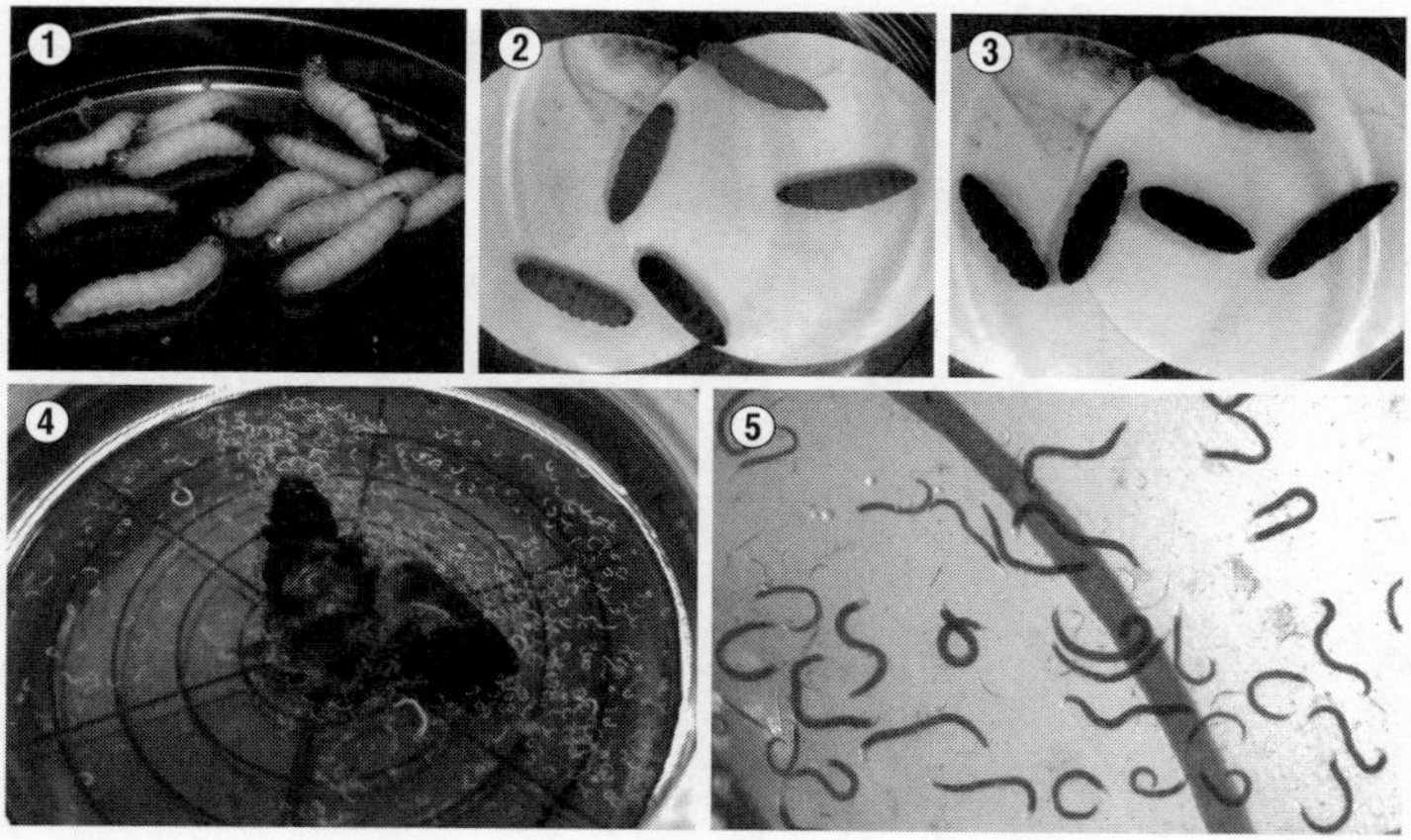

［図 39］実験室ではガ（蛾）の幼虫を宿主としてEPN（昆虫病原性線虫）を培養する。①感染前のハチノスツヅリガの幼虫。②ヘテロラブディティス・バクテリオフォーラに感染してから３日目のガの幼虫の死体、毒素によって着色していく。③感染７日目、赤黒く体内もドロドロに溶けて柔らかい。④感染７日目の柔らかい死体をほぐしてみると、中からEPNがたくさん出てくる。⑤感染７日目の死体の中にはさまざまな発生ステージのEPNが見られる

成虫となります。

卵が産み落とされ、そこから孵化《ふか》した第一期幼虫は、増殖型サイクルを経て成虫《せいちゅう》となります。何世代か増殖型サイクルを回し、餌が消耗されて自分たちの密度も高くなってきたことを感知したＥＰＮ第二期幼虫は、次の脱皮タイミングで感染態第三期幼虫となります。共生細菌を体内に保持し、昆虫死体から脱出して次の獲物を探すことになります。

昆虫病原性の進化

殺虫活性をもつ細菌と共生関係を結ぶ昆虫病原性線虫（ＥＰＮ）には、「スタイナーネマ属線虫」と「ヘテロラブディティス属線虫」の異なる二つの分類グループが知られていて［図40］、それぞれゼノラブダス属細菌とフォトラブダス属細菌と共生関係を結んでいます。スタイナーネマ属線虫はチレンキーナ亜目《あもく》に属していて、この分類グループには自由生活性と動物寄生性の二つのステージをもつ「糞線虫《ふんせんちゅう》」をはじめ、農作物の病原体である「シストセンチュウ」や「ネコブセンチュウ」、そしてマツ材線虫病《ざいせんちゅうびょう》の病原体「マツノザイセンチュウ」も含まれています。

一方、ヘテロラブディティス属線虫はラブディティーナ亜目に属していて、この分類グループにはエレガンスを代表とする自活性土壌線虫のセノラブディティス属、ヒトに経皮《けいひ》

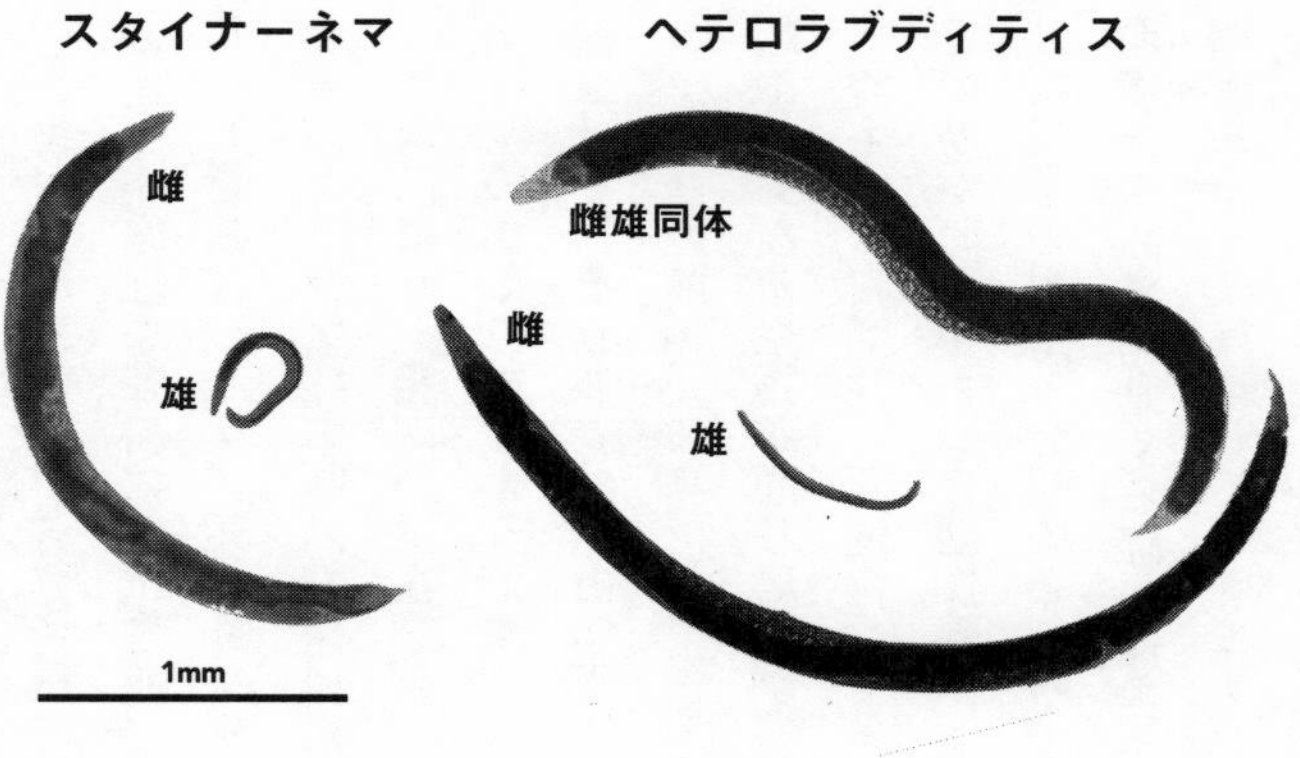

[図 40］昆虫病原性線虫２種類のうち、スタイナーネマは雄と雌の二つの性、ヘテロラブディティスは、雄と雌と雌雄同体の三つの性がある。スケールバーは１ミリ、雄がきわめて小さいことがわかる

感染する「鉤虫《こうちゅう》」、反芻《はんすう》動物の胃に寄生する吸血性の「捻転胃虫《ねんてんいちゅう》」が含まれています。

さまざまな寄生性が各分類群で独自に進化しているように、これら二種類のＥＰＮもその昆虫病原性を独自に進化させてきたことがわかります。面白いことに、それぞれのパートナーであるゼノラブダス属細菌とフォトラブダス属細菌は、ともにグラム陰性菌でプロテオバクテリア門の腸内細菌科に属する近縁な細菌です。

ちなみにヒト腸内の常在細菌プロテウス属がゼノラブダス属細菌とフォトラブダス属細菌同士の次に近縁なようです。つまり、スタイナーネマ属線虫とヘテロラブディティス属線虫はそれぞれ独立に昆虫病原性を進化させてきたということであり、カマキリモドキとカマキリの前脚（捕食のための構造）、鳥とコウモリの翅《はね》（飛ぶための構造）などと同じで、起源が異なる生物が同じ形質を獲得した「収斂進化《しゅうれんしんか》」なのです。

寄生性は自活性から進化してきたと考えられているように、昆虫病原性もまた節足動物とのかかわりをもつ自活性線虫から進化してきたと考えられています。

第三章の線虫の分類のところでも紹介しましたが、自活性土壌線虫の中に、新たな生活環境を求めて移動する際に昆虫を利用する「昆虫便乗《びんじょう》性」の生態を有する種がいます。餌がある場所へ連れて行ってくれる節足動物宿主の匂《にお》いを嗅《か》ぎ分けて、そこに集まることができれば効率よく移動でき、増殖型幼虫ではなく耐久型幼虫であれば、長距離移動中の乾燥や餌がない状況でも長時間耐えられそうです。

昆虫便乗性線虫は耐久型ステージに相当する状態で昆虫から分離されることが多く、その生態から特に「分散型ステージ」と呼びます。さらに便乗性線虫の中には、節足動物が生きているうちに体にへばりつき、積極的に殺虫するのではなく、何らかの原因で節足動物が死亡するのをひたすら待っているものもいます。この線虫は、節足動物が死んだのちに体内に入っていき、組織やそこに増殖する細菌を餌に成長・増殖します。このような移動手段で、かつ餌資源として節足動物を利用するネクロメニーと言われる性質も見られます。このような昆虫便乗性の生態が、昆虫病原性を獲得する前段階である事前適応時期であると考えられます。

栄養を奪い合う激しい競争の中で

多くの自活性土壌線虫は有機物や細菌を餌にしていて、地面に落ちて腐敗する果実や動物の死体は彼らの絶好の繁殖場所となります。果実や死体といった栄養豊富な餌資源を狙《ねら》うものとして、アリやハエといった節足動物、カビや細菌といった微生物、ほかにもたくさんいるでしょう。

だれよりも早く死体を見つけて集団で一気に奪い去っていく作戦（アリやハエ）や、ほかの生物を寄せ付けない毒素を生産する作戦（微生物の抗生物質生産）など、栄養を奪い合う厳しい競争の中で各自の生態が進化してきました。EPNと共生細菌それぞれの祖先種は、さらにこういった生態の中で強固な共生関係を確立するきっかけを得たのではないかと考えられます。

EPNの共生細菌が放出する毒素には、節足動物の死体を食べようとするほかの微生物や別の昆虫を寄せ付けない作用があります。したがって、共生細菌の毒素によって死亡した節足動物（餌）を競争相手に奪われる心配もなく、EPNは悠々《ゆうゆう》と成長・増殖できるのです。

この状況をもう少し突っ込んで見てみましょう。餌を獲得するうえでほかの自活性線虫種もEPNの競争相手ですが、共生細菌の毒素によりそれらさえも寄せ付けないことがわかっています。つまり、EPNは共生細菌の殺線虫活性毒素に対する抵抗性を有していることを意味し、毒素抵抗性獲得もEPNの生態を進化させるための大きなイベントだったのです。

体表に神経毒エピバチジンを分泌《ぶんぴつ》して捕食者から身を守るヤドクガエルは、この毒素を自分で合成するわけではなく、この毒素に対する抵抗性を獲得し（アセチルコリンレセプターの立体構造が変わった）、餌からこの毒素を摂取して利用できるようになったことが知られていますが、ＥＰＮの共生細菌毒素抵抗性についてはこのような分子レベルで切り込む研究が進んでいません。

病原体が生物体内に侵入すると、自分と異なる「異物」であると認識して宿主免疫機構が作動します。脊椎《せきつい》動物には自然免疫と獲得免疫の二種類の仕組みが存在し、寄生性線虫をはじめとする病原体を排除するうえで大切な役割を担っています。寄生性線虫がヒトの体内に侵入してそこで生活するためには、宿主の免疫系をうまくコントロールする必要があり、これについては第七章でヒトの寄生性線虫を例に紹介します。

昆虫には自然免疫が備わっていて、体液中に存在する脂肪体と血球が中心的な役割を果たします。これら免疫をつかさどる細胞が「非特異的」に異物を認識すると、食作用によって異物を取り込んで分解したり、異物を包囲して封じ込めたり、抗菌作用のある物質を生産して攻撃したりする反応が知られています。

共生細菌そしてＥＰＮが生産・分泌する化合物やタンパク質が分離され、宿主昆虫の免疫機構を抑制する効果がいくつか確かめられています。毒素を放出するとともに宿主の免疫を抑え込み、確実に殺虫していることがよくわかります。そして共生細菌やＥＰＮが作り出す物質は、新しい農薬や殺虫剤、そして医療用薬剤への開発にも応用できると期待されています。ＥＰＮと共生細菌の共生関係に関する研究には、まだまだたくさんの発見が眠っていそうです。

線虫と細菌の共生関係

昆虫病原性線虫（ＥＰＮ）は共生細菌の殺虫能力を利用していること、共生細菌自体を餌にしていることからも、細菌を大いに利用していることがわかります。一方、細菌自体はＥＰＮとの共生関係の中で何かメリットを得ているのでしょうか。「殺虫道具」兼「餌」として、単にＥＰＮに利用されるがままなのでしょうか。

節足動物などに感染して増殖する昆虫病原性細菌がいくつか知られています。例えばプロテオバクテリア門の細菌としてセラチアやシュードモナス、そしてフィルミクテス門のバチルスやピーニバチルス、ブレビバチルスなどが挙げられます。これら昆虫病原性細菌は、節足動物の宿主がいないときでも土壌中の有機物を栄養源とし単独で生活できることが知られています。一つ一つの細菌種と節足動物との関係についての詳細を深く研究すると、もっとユニークな生態を新たに見出すことができるのかもしれませんが、これら昆虫病原性細菌は普段土壌中で生活していて、たまたま弱っている節足動物が近くにいた場合にのみ感染して栄養源として活用する「日和見感染」的な生態であると考えられます。

ＥＰＮの共生細菌の祖先種は、節足動物を「消極的」に活用する性質であったものが、節足動物のところまで確実に連れて行ってくれる線虫と共生関係を確立させ、節足動物を「積極的」に活用させることができるように進化したのではと考えられます。

ＥＰＮの感染によって死亡した昆虫の体から、あるいはＥＰＮ感染態幼虫から、共生細菌を分離して寒天《かんてん》培地《ばいち》で培養《ばいよう》することもできます。共生細菌は生存するうえで節足動物が必要であるというわけではなさそうですが、土壌などの環境からＥＰＮの共生細菌が分離されたという報告はありません。自然界で自由生活を送る場合がきわめて少なくなってしまったのかもしれませんし、任意的共生関係ではなく宿主がいなければ生活できない絶対的共生関係なのかもしれません。

　ＥＰＮと共生細菌との組み合わせを見ると、ゼノラブダス属細菌とフォトラブダス属細菌はそれぞれの宿主線虫であるスタイナーネマ属線虫とヘテロラブディティス属線虫としか共生できません。無菌化したＥＰＮと単離した細菌が共生関係を構築できるかの実験を行ったところ、三〇種類ほど調べられているゼノラブダス属細菌とスタイナーネマ属線虫との共生関係は種特異的であるようですが、二〇種類ほど調べられているフォトラブダス属細菌とヘテロラブディティス属線虫との共生関係は少し事情が異なっているようで、線虫・細菌の組み合わせの融通が利くという実験結果が知られています。

　実はスタイナーネマ属線虫は、共生細菌がいなくても単独で殺虫活性を有することも知られていて、一方でヘテロラブディティス属線虫は共生細菌がいなければ殺虫できません。線虫・細菌の特異性を決める要因はよくわかっていませんが、自然界では一頭の節足動物に複数種のEPNが同時に感染し、そこでお互いの共生細菌を交換し合うこともありそうです。またEPN種間で、認識して体内に侵入できる節足動物宿主の範囲に差があったり、共生細菌種間でも、節足動物に対する殺虫活性効果に差があったりもします。

かくして、EPNと共生細菌との組み合わせが複雑に進化してきたのではないかと考えられます。

発光の謎

ヘテロラブディティス属線虫の共生パートナーであるフォトラブダス属細菌は、増殖時に微弱に発光することが知られています。ホタルの発光などと同様の仕組みで、共生細菌が作り出すルシフェラーゼという酵素とルシフェリンという基質が反応して発光します。ヘテロラブディティス属線虫の感染によって死亡した節足動物の体そのものも、死亡した直後はしばらく発光するので［図41］、死体を食べる動物に対して食べないでくれと言う警告なのか、あるいは新たな獲物を呼び寄せるためのものなのか、はっきりと証明されていません。

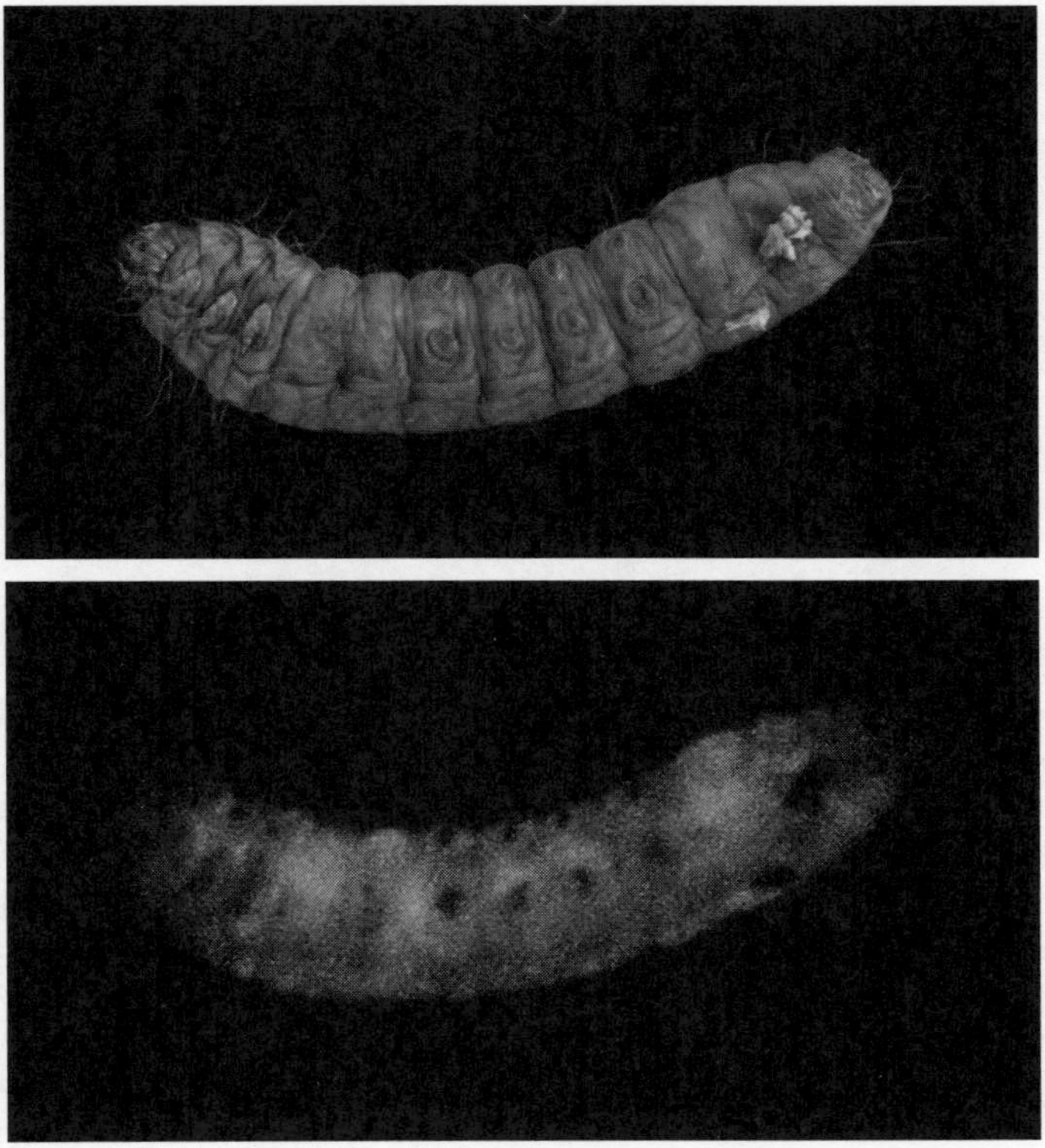

[図 41] ヘテロラブディティス・バクテリオフォーラの共生細菌「フォトラブダス・ルミネッセンス」によって青く発光するハチノスツヅリガの死体、感染２日目。写真上は通常のカメラ撮影、下は高感度カメラによる撮影
写真提供：中部大学応用生物学部・大場裕一教授

免疫細胞が食作用により異物を除去する際、酸素を材料に反応性の高いフリーラジカルを発生させ、これを武器にすることが知られています。フォトラブダス属細菌が発光する際に酸素を消費し、フリーラジカルを発生させないことで免疫応答を阻害《そがい》するのに一役買っているのかもしれませんが、それをうまく説明できる実験はありません。

魚と共生して発光する細菌がいくつか知られていて、発光が太陽の光と同調して下から狙ってくる捕食者から身を守るのに一役買っていたり（カウンターイルミネーション）、アンコウのように獲物をおびき寄せるのに使用されたりしているそうです。

現在知られている発光細菌のほとんどは水生動物との共生細菌に見られる特徴であることから、フォトラブダス属細菌の祖先は水生の発光細菌ではないかとも予測できますし、そして発光する性質は現在の生存に影響を及ぼさない残骸《ざんがい》形質なのかもしれません。

第七章

ヒトを宿主にした驚くべき感染サイクル

眼球上を這うセンチュウ

西アフリカに位置するナイジェリア連邦共和国は、人口約二億一〇〇〇万人とアフリカ最大、かつ経済規模も国内総生産が四三二三億ドル（二〇二〇年）とアフリカナンバーワンです。石油や天然ガスが豊富であることからも、世界から「新興成長市場（エマージングマーケット）」として注目されていますが、長年の軍事独裁政権や汚職の蔓延《まんえん》によって発展が遅れ（そして北部には過激派宗教組織がいる）、比較的快適な現代生活を送ることができる都市と、衛生環境が悪くまだまだ貧困状態が続くスラムや農村地域との格差が大きいことが課題です。

ナイジェリアの都市で暮らすひとのある症例を紹介したいと思います。一人は三五歳の男性で、ある日の夜、突然鋭い痛みが右眼を襲い、それが数分間続いたのち消えていきました。翌日、その症状はすでに消えていたのですが、念のため眼科へ行って診てもらうことにしました。視力に異常はなく少し充血しているくらいだったので、アレルギー症状を抑える抗ヒスタミン剤を含む目薬を処方されて帰宅しました。

それから三日後、再び目に違和感を覚えたので鏡で確認してみたところ、眼の上を這《は》う何者かがいることに気づき急いで眼科に向かいました。「フィラリア症」を疑って血液検査をしたものの結果は正常、好酸球《こうさんきゅう》の増加（免疫《めんえき》応答）も認められず、皮膚《ひふ》病変も見当たりません。改めて眼の中をよくよく調べてみると、結膜《けつまく》を這う「にょろにょろ」が姿を現しました。男性はその日に手術室へと運ばれ、局所麻酔《ますい》ののち専用のピンセットを使って体長七センチにもなる「にょろにょろ」が摘出されました。ほかにも「にょろにょろ」が体のどこかに潜《ひそ》んでいる可能性があるので、アルベンダゾールとイベルメクチンという経口薬《けいこうやく》が投与されました。この男性に話を聞いてみると、彼は子供のころに農村地域で働いていた経歴があることがわかりました。

もう一人は二三歳の男性で、やはり右眼に何かが這っているような気がするので眼科を受診しました。目の違和感以外は特に異常はなくいたって健康、視力もまったく問題がありませんでしたが、よく調べてみたところ右眼結膜でうごめく「にょろにょろ」がいました。すぐに手術室へと運ばれ、専用のピンセットを用いてその「にょろにょろ」は摘出されました。話を聞いてみたところ、彼は幼少期に農村地域のカカオ農園で働いていたそうで、そのときによくわからないアブにたくさん「嚙《か》まれた」と言いました。

正体はロアロアセンチュウ

ここで紹介したナイジェリア人男性の症状は、「ロア糸状虫症《しじょうちゅうしょう》」と呼ばれるフィラリア症（糸状虫症）の一つで、病原体として摘出されたにょろにょろはヒトに寄生するロアロアセンチュウ、ロア糸状虫です。愛らしいキャラクターのような名前とは裏腹に、「アフリカン・アイ・ワーム」とも呼ばれる七センチにもなるにょろにょろが、ヒトの目から出てくるショッキングな寄生虫症です。

感染サイクルとともにロアロアセンチュウについて見てみることにしましょう［図42］。ロア糸状虫は雌雄異体《しゆういたい》の線虫で、雌成虫《めすせいちゅう》の体長は四センチから最大七センチほどになり、雄成虫《おすせいちゅう》は雌成虫よりも小さくて約三センチほどです。普段はヒトの皮下《ひか》組織を移動しながら生活し、そしてたまにヒトの眼球上にひょっこり出てくることがあります。

雄と交尾《こうび》した雌は、卵殻《らんかく》に包まれた卵ではなく、鞘《さや》に包まれた「ミクロフィラリア」と呼ばれる三〇〇マイクロメートル（〇・三ミリ）ほどの小さな幼虫を一日何千頭も産みます。成虫は最長で一七年間も生存することが知られており、この間ずっとミクロフィラリアを産み続けることになります。

産み落とされたミクロフィラリアはリンパ管を経由して肺へと向かい、「昼間」は血流に乗って全身を駆《か》け巡《めぐ》り、夜間は肺で待機するという周期性を示します。幼虫のミクロフィラリアはヒトの体内で一年くらい生存できますが、そのままヒトの体内にとどまっていては成長できずに死んでしまいます。

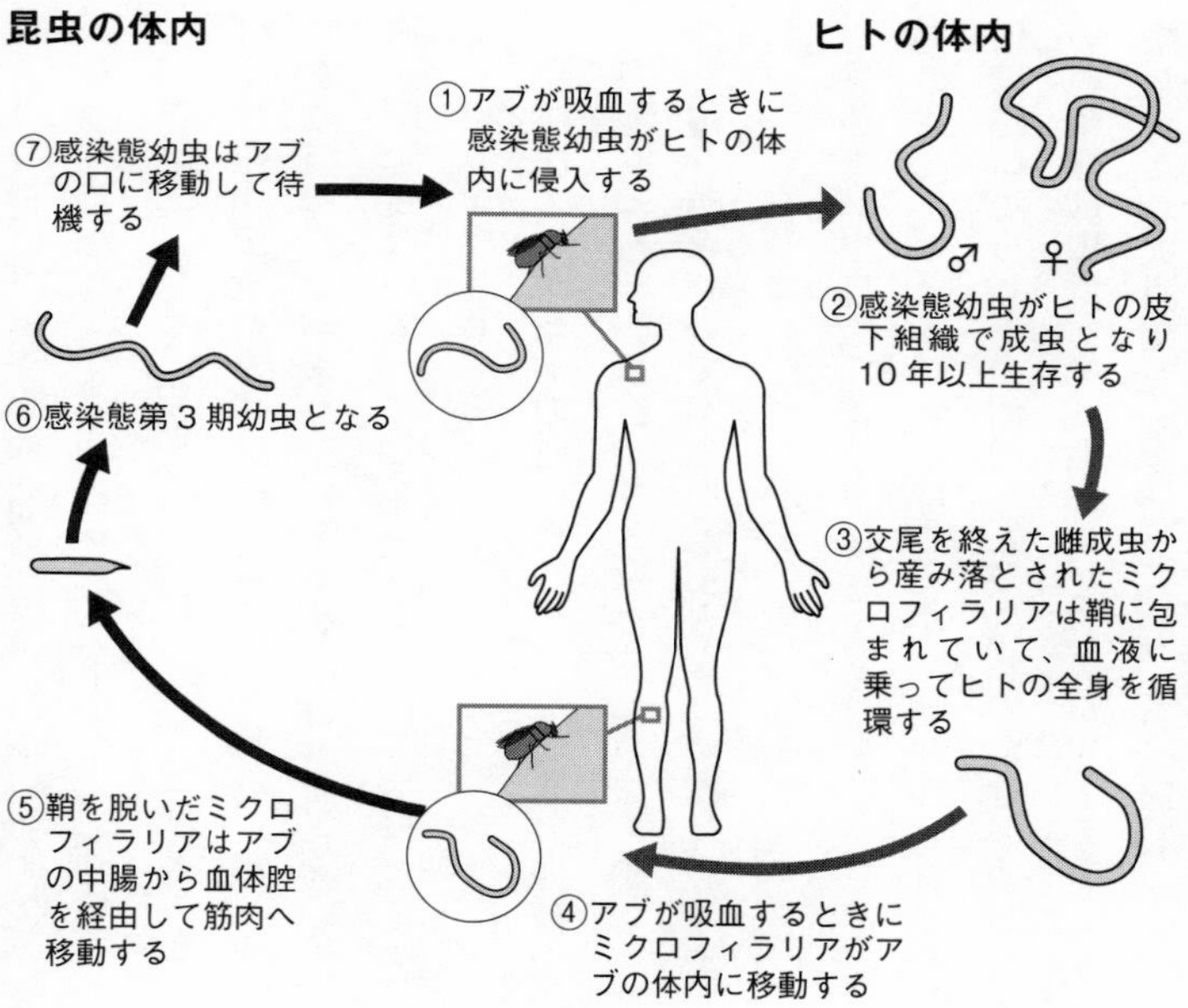
昆虫の体内
ヒトの体内
①アブが吸血するときに感染態幼虫がヒトの体内に侵入する
♂
♀
②感染態幼虫がヒトの皮下組織で成虫となり10年以上生存する
③交尾を終えた雌成虫から産み落とされたミクロフィラリアは鞘に包まれていて、血液に乗ってヒトの全身を循環する
④アブが吸血するときにミクロフィラリアがアブの体内に移動する
⑤鞘を脱いだミクロフィラリアはアブの中腸から血体腔を経由して筋肉へ移動する
⑥感染態第３期幼虫となる
⑦感染態幼虫はアブの口に移動して待機する

[図 42]　ロアロアセンチュウの感染サイクル。やはり中間宿主の吸血性アブと終宿主のヒトがともにそろわなければ、ロアロアセンチュウは成長もできず種も残せない。感染サイクルがわかれば病気の感染や蔓延を食い止めることができる。つまりアブに血を吸われないようにすることが有効な感染症コントロールポイントである

ミクロフィラリアが次の発生ステージへ進むためには、ある種の吸血性昆虫の体内へ移らなければなりません。ロア糸状虫症の中間宿主《ちゅうかんしゅくしゅ》となる吸血性アブ（クリソプス属アブ）は、「昼間」にヒトの血を吸いにやってきます。蚊《か》と同様に雌のみがヒトの血を吸い、雄は主に花粉を食べます。吸血性アブの場合、蚊のようにストローを皮膚に刺して血を吸うのではなく、はさみのような顎《あご》で皮膚を切り裂き、唾液《だえき》から血液凝固阻害剤《ぎょうこそがいざい》を出して血液が固まらないようにしながら傷口に吸い付きます。だから吸血性アブに刺されると、とても痛みを感じるのです。

　吸血性アブがヒトの血を吸っているとき、血液中にいるミクロフィラリアがアブの体内へ移動する唯一の機会です。吸血中にうまくアブの中腸《ちゅうちょう》へ移動したミクロフィラリアは、体を覆《おお》う鞘を脱いで第二期幼虫となり、血体腔《けったいこう》を通って筋肉へと移動して「感染態《かんせんたい》第三期幼虫」となります。

　感染態幼虫は吸血性アブの口（吸血吻）に移動して待機し、今度は吸血行動のときにヒトの体内へと戻る機会を待ちます。吸血性アブがヒトの血を吸っているときに、感染態幼虫は傷口からヒトの体内へと侵入していきます。ヒトの皮下組織へと移動したロア糸状虫の感染態幼虫は、第四期幼虫を経て成虫となります。ロア糸状虫の感染態幼虫がヒトに感染してから成虫になるまでに約五か月かかり、そしてヒトの体内でしか成虫になれません。

昼間だけ血流に乗って駆け巡る

中央および西アフリカに流行するこのロア糸状虫症は、七センチのにょろにょろがヒトの目から出てくる衝撃的な寄生虫症ですが、罹《かか》っている多くのひとは無症状のようです。少なくとも一〇〇〇万人がロア糸状虫に感染しているのではないかと推測されていて、二人のナイジェリア人男性も、おそらく農村地域で生活していた幼少のころに感染し、それ以来ずっとロア糸状虫の成虫が皮下にいて、そこから生み出される無数のミクロフィラリアが血液に乗って全身を巡っていたものの、まったく気づかずに生活していたのでしょう。

成虫が皮膚下を這って移動していても何も感じない場合もあれば、皮膚の痒《かゆ》みや関節痛といった不快を感じるひともいるようです。場合によってはアレルギー反応が全身に現れて重篤《じゅうとく》化する場合もあって、そしてときどき眼球表面に現れることがあるので侮《あなど》ってはいけない病気です。

さらにミクロフィラリアの血中頭数が非常に多い場合（基準として八〇〇〇頭／ミリリットル以上）、ミクロフィラリアを殺虫するイベルメクチンを処方すると、その多数の死体によって感染者が脳症を引き起こすことがあります。薬を投与する前に透析《とうせき》（アフェレーシス）や胚《はい》発生抑制効果のあるアルベンダゾールを処方することで予めミクロフィアリアの血中頭数を下げておく必要があります。

このあとで紹介するオンコセルカ症やリンパ系フィラリア症といった別のフィラリア症を治療する際には、ロア糸状虫症も同時に感染していないかを診断することが重要になります。

ヒトや動物宿主の体内に入って栄養を奪おうとする寄生性線虫は、宿主にとって異物であり排除すべき対象となります。皮膚下、腸内、血液、リンパ液……寄生性線虫が寄生する場所には必ず宿主側からの免疫機構が働きます。線虫のみならず、原虫《げんちゅう》（単細胞生物）、真菌（カビや酵母などの真核生物）、細菌（原核生物）、ウイルスといった病原体に対して免疫機構がうまく作動すれば、宿主は病原体の増殖を抑えて病気になることはありません。免疫機構が働かなければ、宿主体内への病原体侵入、増殖を許してしまい、宿主は病気になったり場合によっては命を落としてしまったりします。免疫機構が働いて侵入者たちをやっつけることができても、そのコントロールがうまくできずに暴走して宿主自身を攻撃してしまう場合もあります。

ロア糸状虫の場合、成虫は何年も悠々《ゆうゆう》とヒトの体内で生活することができているようですし、感染者も無症状な場合が多いのですが、それはいったいなぜなのでしょう。ロア糸状虫は宿主免疫を回避する何らかの能力をもっていること、そして宿主が深刻な病状にならないよう、気づかれないまま栄養を摂取して十分に繁殖できる工夫をしているからなのです。

ロア糸状虫は、中間宿主である吸血性アブの生態にも非常によく適応しています。ディア・フライあるいはシープ・フライと呼ばれるクリソプス属アブは、体長約一センチの吸血性アブで世界中に分布し、ヒトをはじめ鹿《しか》や羊《ひつじ》や馬といった動物から血を吸います。

なお、アブもハエも英語では「フライ」であって、日本ではアブとハエは区別されているようですが、生物学的なグループ分けではありません。「ハエの仲間で吸血性といえばアブ」という印象が強いと思われるので、イメージしやすいよう本書でも「アブ」を使用することにします。

クリソプス属アブの仲間のうち、アフリカに生息するクリソプス・シラセアとクリソプス・ディミディアータの二種類がロア糸状虫の媒介者です。この二種は沼地や小川を有するアフリカの森林に生息し、幼虫のウジは水分を十分含んだ土壌《どじょう》や沼地の水底で有機物（動植物の遺骸《いがい》や糞《ふん》など）を餌《えさ》にする腐食《ふしょく》生活（英語でデトリタス）を送ります。

幼虫から蛹《さなぎ》を経て成虫になるまで数年間かかり、成虫は雌のみが吸血し雄は花粉などを餌にします。夜は森林の中に潜んでいて、日中になると雌はそこから出てきておいしそうな血を探します。野生動物の血も吸いますが主なターゲットはヒトの血で、卵を産むためにたくさんの血液が必要なので何度も攻撃してきます。

ヒトの体内に潜むミクロフィラリアは、吸血性アブのこの行動に合わせて「昼間」だけ血流に乗って全身を駆け巡ります。ヒトの免疫機構をなるべく刺激しないよう、そして効率よくアブの体内に移動できるようにするためだと思われます。このことからも、血中にミクロフィラリアがいないか検査する際は、午前一〇時から午後二時までの間に採血するよう推奨《すいしょう》されています。

ヒトを終宿主にするフィラリア

スピルリーナ亜目《あもく》スピルロモルファ下目《かもく》に属するフィラリア（糸状虫）の仲間には、ヒトを終宿主《しゅうしゅくしゅ》としてフィラリア症を引き起こすものが八種類知られています。フィラリアの成虫が生息しているヒトの体の部位によって「皮下フィラリア症」そして「リンパ系フィラリア症」と区別されています。

先に紹介したロア糸状虫症は皮下フィラリア症で、無症状の患者が多いと記しましたが、回旋《かいせん》糸状虫の感染により発症するオンコセルカ症や、バンクロフト糸状虫の感染によって発症する象皮病《ぞうひびょう》は、ともに慢性化すると深刻な症状を引き起こします。

皮下フィラリア症の一つであり、回旋糸状虫オンコセルカ・ボルブルスの感染により発症するオンコセルカ症は、吸血性シミュリウム属アブが媒介してヒトが終宿主となり、やはりこれら宿主を順番に経由しなければ成長することができません［図43］。

ロア糸状虫とよく似た感染サイクルで、雌雄の成虫はヒトの皮下で生活しながらミクロフィラリア（回旋糸状虫の場合、鞘《さや》に包まれていない）を産み、中間宿主である吸血性アブを経由して終宿主であるヒトの体内に帰ってきます。回旋糸状虫の雌成虫は、ロア糸状虫よりも大きくて四〇センチから五〇センチくらいになりますが、雄は二センチから四センチほどの小さなサイズです。

大きなサイズであるものの成虫自体の影響は少ないと言われていて、むしろミクロフィラリアによる人体への影響がとても深刻です。ミクロフィラリアが死亡すると、それに対するヒトの免疫機構が作動して炎症を起こし、軽度だった症状を放置するうちに慢性化してしまい治療が困難になってしまいます。症状としては、皮下にてミクロフィラリアの死体が蓄積すると皮膚の痒みやコブが発生し、眼の中で死亡すれば視力の低下を引き起こし、ひどいときには失明することもあります。

中間宿主の吸血性アブが、水分を十分含んだ土壌や沼地で増殖するので、河川の近くでこのオンコセルカ症の発症が多いことからも河川盲目症《かせんもうもくしょう》とも呼ばれています。ナイジェリアを含め、サハラ砂漠以南のアフリカに広く病気が蔓延し、アメリカ疾病《しっぺい》予防管理センター（CDC）のデータによれば二〇一七年に世界中で二〇〇〇万人以上が感染していて、そのうち一四六〇万人が皮膚疾患、一一五万人が視力障害を患《わずら》っていたそうです。

オンコセルカ症が診断されるとイベルメクチンを処方することが推奨されていますが、この薬はミクロフィラリアを殺虫する効果があるものの、成虫には効果がありません。つまり、成虫の寿命が尽きるまで六か月ごとに一〇年から一五年間継続してイベルメクチンを投与する必要があります。

フィラリア線虫の細胞内にはボルバキアという細菌が共生していて、ボルバキアがいなければ回旋糸状虫のミクロフィラリアは成長できず、また成虫も生存できません。したがって、イベルメクチンとともにドキシサイクリンといった細菌をターゲットとする抗生物質を投与することで、成虫と幼虫を同時に殺虫する効果があるとも言われています。ただし、オンコセルカ症とロア糸状虫症の両方に感染している場合、イベルメクチンを処方すると重篤な副作用があらわれることがわかっていて、どの寄生線虫に感染しているかの適切な診断が必要になります。

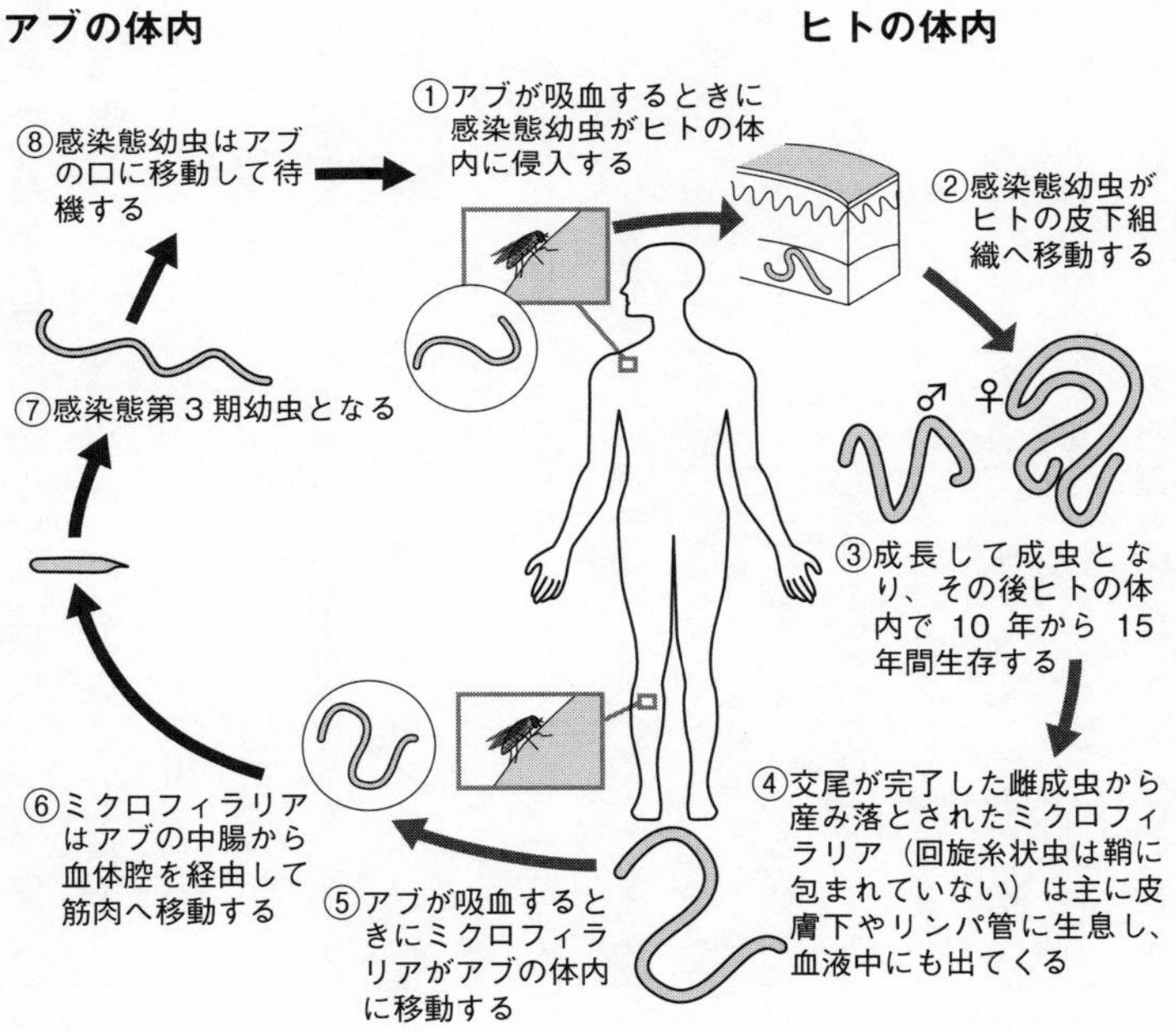
アブの体内
ヒトの体内
①アブが吸血するときに感染態幼虫がヒトの体内に侵入する
②感染態幼虫がヒトの皮下組織へ移動する
♂ ♀
③成長して成虫となり、その後ヒトの体内で 10 年から 15 年間生存する
④交尾が完了した雌成虫から産み落とされたミクロフィラリア（回旋糸状虫は鞘に包まれていない）は主に皮膚下やリンパ管に生息し、血液中にも出てくる
⑤アブが吸血するときにミクロフィラリアがアブの体内に移動する
⑥ミクロフィラリアはアブの中腸から血体腔を経由して筋肉へ移動する
⑦感染態第 3 期幼虫となる
⑧感染態幼虫はアブの口に移動して待機する

[図 43] 回旋糸状虫の感染サイクル。やはり中間宿主の吸血性アブと終宿主のヒトがともにそろわなければ、回旋糸状虫は成長もできず種も残せない。皮膚の痒みやコブの発生、場合によっては失明する恐ろしい感染症

ヒトのリンパ管で一〇年以上

リンパ系フィラリア症は、バンクロフト糸状虫ウチェレリア・バンクロフティ、マレー糸状虫ブルジア・マレー、チモール糸状虫ブルジア・ティモリの三種の病原体が知られていて、終宿主はヒト、そして中間宿主は熱帯性の蚊です［図44］。三種のうちバンクロフト糸状虫による症例が最も多く、中央アフリカ、ナイルデルタ、中央アメリカ、南アメリカ、熱帯アジア、そして南太平洋と、世界中の熱帯地域に広く蔓延していて、一億二〇〇〇万人以上が本線虫に感染していると言われています。

マレー糸状虫は南アジアおよび東南アジア、チモール糸状虫はインドネシア東部および東ティモールの限られた場所で、各地に生息するさまざまな種の蚊が媒介します。いずれもほかの糸状虫とよく似た感染サイクルで、雌雄成虫は主にヒトの下半身にあるリンパ管（リンパ液をリンパ節へ流し入れる管）で生活しながら一日およそ一〇〇〇頭もの鞘に包まれたミクロフィラリアを一〇年以上産み続けます。

リンパ系フィラリア症の場合、ミクロフィラリアはリンパ節から血液へと移動し、日中はヒトの体の深部を流れる静脈に潜み、夜間になると体の表面を流れる静脈に集まり、蚊に吸血されるのを待ちます。蚊は夜行性で夜にヒトの血を吸いにやってくることから、ミクロフィラリアのこの行動は中間宿主に適応したものであると言えます。蚊の体内で一週

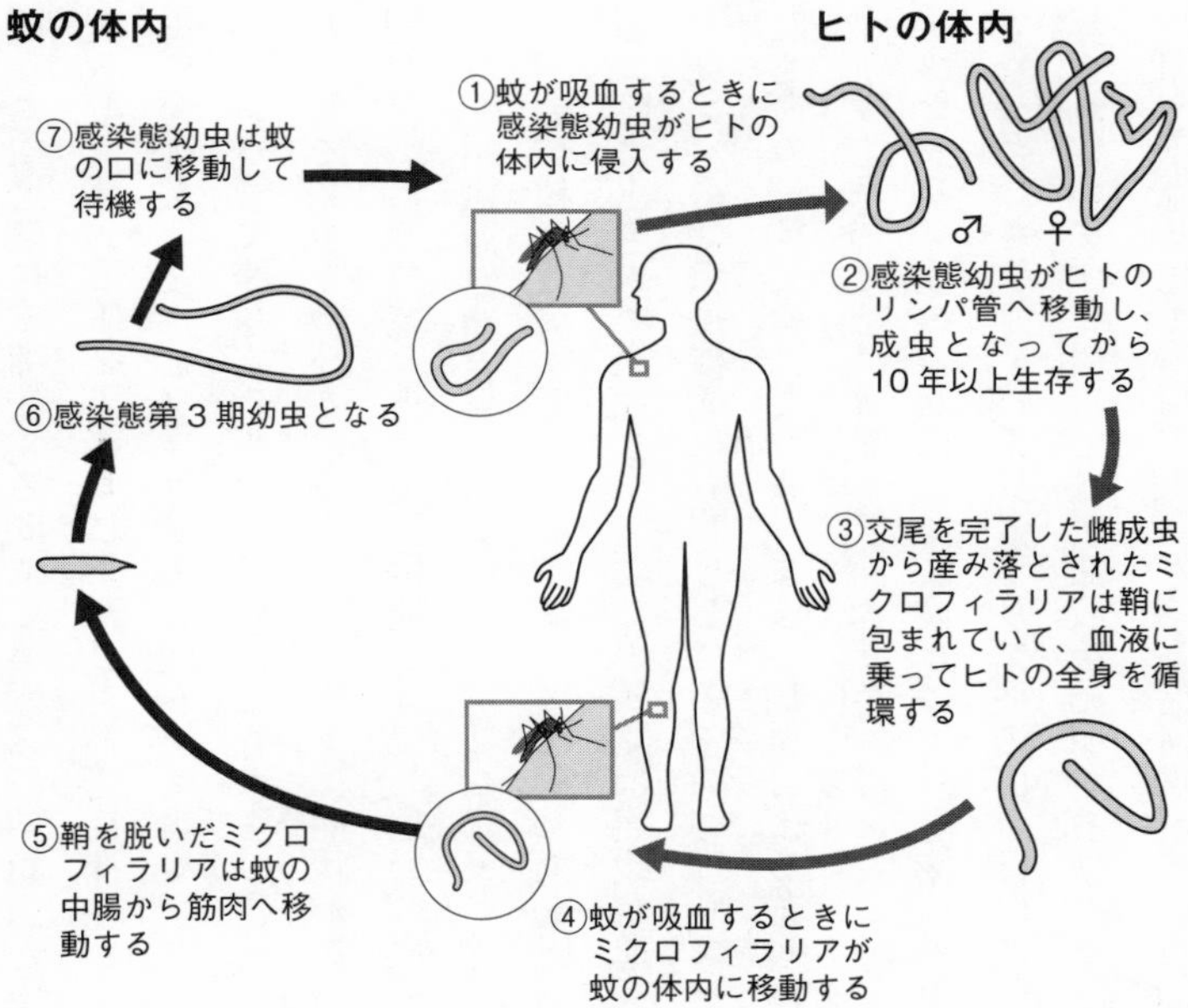
蚊の体内
ヒトの体内
①蚊が吸血するときに感染態幼虫がヒトの体内に侵入する
♂ ♀
②感染態幼虫がヒトのリンパ管へ移動し、成虫となってから10年以上生存する
③交尾を完了した雌成虫から産み落とされたミクロフィラリアは鞘に包まれていて、血液に乗ってヒトの全身を循環する
④蚊が吸血するときにミクロフィラリアが蚊の体内に移動する
⑤鞘を脱いだミクロフィラリアは蚊の中腸から筋肉へ移動する
⑥感染態第３期幼虫となる
⑦感染態幼虫は蚊の口に移動して待機する

［図 44］バンクロフト糸状虫の感染サイクル。今度は中間宿主が蚊であり他のフィラリア症とは異なるが、吸血によって感染する仕組みは共通する。リンパ管の機能が破壊され、象皮病や陰嚢水腫が発症してしまうと治すことができない

間から二週間ほど滞在する間に感染態第三期幼虫となり、吸血のときに再びヒトの体内に侵入します。ヒトの下半身にあるリンパ管に滞在し、一年ほどかけて成熟したのち雌雄成虫が交尾し、ミクロフィラリアを産み始めます。

リンパ管に滞在する雌成虫はおよそ五から一〇センチ、雄成虫は二から四センチほどの大きさで、多くのひとは感染してもすぐに症状があらわれない場合が多いようですが、時間が経《た》つにつれてヒトの免疫機能が作動し始め、炎症反応によってリンパ管の機能が破壊され、組織液が溜《た》まってひどいむくみが生じる「リンパ浮腫《ふしゅ》」を発症します。発症すると、足が腫《は》れ上がって象の足のようになる「象皮病」のほか、男性の場合は陰嚢《いんのう》が肥大する「陰嚢水腫《すいしゅ》」を発症します。この病気は症状が進行すると治すことができません。

リンパ系は免疫機構にも関与しているので、リンパ系フィラリア症患者はほかの感染症にも罹りやすくなってしまいます。病気による苦しみに加え、その見た目から社会的に孤立してしまうことも本病の大きな問題です。

フィラリア症の診断は、血液検査により直接線虫の有無を確認することがスタンダードとなっていて、リンパ系フィラリア症の場合は血液中を循環する夜間に検査することが推奨されています。最近では、血液を循環するフィラリア抗原を検出できる迅速診断キットもよく使われているようです。リンパ系フィラリア症であると診断されると、成虫およびミクロフィラリアの両方に効果があるジエチルカルバマジンが処方され、大体は一回の処方で十分な効果が期待できます。ただし、オンコセルカ症やロア糸状虫症にも同時に感染している場合は、この薬の投与により重篤な副反応を引き起こすことが知られているので、やはりどの寄生線虫に感染しているかの適切な診断が必要になります。

日本もかつてはバンクロフト糸状虫が蔓延していた時代があり、就寝時に電気を消してしばらくすると「ブーン」と羽音を立てて飛んでくる夜行性のイエカが媒介していました。幕末維新の立役者の一人として日本史の教科書にも出てくる西郷隆盛《さいごうたかもり》が、バンクロフト糸状虫に感染して陰嚢水腫を患っていたことはよく知られています。故郷鹿児島へ帰り、一八七七年の城山《しろやま》の戦いに敗《やぶ》れて自害した首のない死体となりましたが、この病気が本人である証拠になったと言われています。

ジエチルカルバマジンのおかげで、日本では一九八八年に根絶宣言がなされています。流行地に長期間滞在し、そして数か月もの間蚊に刺され続けない限り感染しないと言われるほど、感染力は高くありません。

宿主の免疫をコントロール

寄生虫や真菌、細菌、そしてウイルスなどが生物体内に侵入すると、自身の健全な細胞と異なる「異物」と認識して排除する免疫システムが作動します。我々ヒトを含む「脊椎《せきつい》動物」には、さまざまな対象に汎用《はんよう》的かつ即時対応する「自然免疫」と、時間をかけてターゲットの構造を学習・記憶したのち特異的かつ強力に対応する「獲得免疫」の二種類があることが知られています。

　宿主脊椎動物の皮膚や粘膜といった物理的バリアーが防衛最前線と言えますが、これを乗り越えて組織内に侵入してくる寄生虫や真菌、細菌、ウイルスなどの異物は、皮膚組織や結合組織に存在する「マクロファージ」や「樹状《じゅじょう》細胞」、そしていわゆる「白血球」に分類される「顆粒球《かりゅうきゅう》」（好酸球、好中球《こうちゅうきゅう》、好塩基球《こうえんききゅう》）などの免疫システムを担う細胞に遭遇します。

　これらの細胞は非特異的に異物を認識し、「食作用」による異物の除去あるいは「サイトカイン」を放出して「炎症」を誘導します。炎症は、血管拡張や温度上昇により損傷した細胞の治癒を促進させ、粘液分泌を促《うなが》して異物除去を促進させ、痛みなどの感覚を誘発してその場所を保護する行動を誘導し、場合によっては損傷を広げないよう細胞死を誘導するなど、感染だけでなく外傷を受けたときにも見られる非特異的な反応です。

　免疫細胞から作り出されるサイトカインは小さなタンパク質からなり、感染や傷害に対応するよう周囲の細胞にその指令を伝える情報分子として何百種類も知られています。ごく微量の濃度で作用し、上述のとおり炎症を誘導したり、免疫で活躍する各細胞の食作用と抗体生産の活性バランスを複雑に調整したりします。サイトカインによる免疫応答は、ごく微量で作用し、そして複雑かつ巧妙なバランスのもとで制御されています。

もともと健康な体であったとしても、感染によって自然免疫機構が影響を受けると、急激かつ過剰に炎症性サイトカインを分泌《ぶんぴつ》する「サイトカインストーム」を誘発してしまう場合があります。サイトカインストームによって制御不能な炎症を全身に誘発し、多臓器不全を引き起こして死に至る場合があります。インフルエンザウイルスやコロナウイルスも呼吸器系に感染し、サイトカインストームにより炎症を誘発して肺機能が損《そこ》なわれて死に至ると言われています。

また、肝臓で作られた「補体系《ほたいけい》」の小さなタンパク質群は、血液中を常に循環していて、異物にとりついて破壊する役割と、自然免疫に続く獲得免疫反応で作られた抗体がくっついた異物にとりつき、マクロファージに異物を飲み込んで排除してもらう「食作用」を促したりする役割（オプソニン化）をもっています。炎症が起きている場所では、大量の補体が血管外に漏れ出てくるので、侵入した病原体を効果的にやっつけることができるのです。

皮膚や粘膜といった防衛最前線にたくさん存在している樹状細胞は、異物を飲み込んで分解し、その異物の特徴を白血球リンパ系のキラーT細胞およびヘルパーT細胞に伝えます。キラーT細胞は異物の特徴を認識できるようになり、異物が感染した宿主細胞を破壊します。ヘルパーT細胞は、異物に対して特異的かつ強力に結合する「抗体」を産生するB細胞を選び出して活性化し、増殖させて数を増やします。そして活性化されたB細胞はどんどん抗体を分泌します。

異物と特異的に結合した抗体は、マクロファージや顆粒球に認識されやすいようにする役割があり、これをオプソニン化と言います。病原性を発揮するうえで重要な部位に結合する抗体であれば、結合するだけでその病原体の毒性を「中和」する効果が期待できます。B細胞とT細胞はお互いに活性を促進しあい、異物を認識するヘルパーT細胞はサイトカインをさらに放出し、マクロファージや顆粒球の活性を高くします。

寄生性線虫はタンパク質分解酵素などを放出し、宿主組織の構造物を壊しながら組織内へ侵入して内部を移動しようとします。宿主に備わる自然免疫系は、寄生性線虫の体およびそこから分泌される酵素、そして組織の損傷を感知して速《すみ》やかに反応を開始します。

顆粒球のうち特に好酸球が誘導され、寄生性線虫に結合して攻撃します。寄生性線虫の感染部位には白血球が誘引されて、そこからサイトカインが放出されて炎症反応を誘導します。樹状細胞が寄生性線虫の体の一部や線虫が体外へ放出した物質などを認識して、その情報をヘルパーT細胞に伝えます。さらにヘルパーT細胞から寄生性線虫の情報を得たB細胞は、寄生性線虫および寄生性線虫由来の物質に対して「特異的に結合」する抗体を生産し始めます。抗体が寄生性線虫を覆い、その抗体を指標に一気に各細胞が攻撃を加えて寄生性線虫をやっつけます。

宿主に寄生できない線虫は、宿主の免疫反応によって感染初期に駆除《くじょ》されてしまいますが、宿主体内で長期間生存することができる寄生性線虫の場合、自分を攻撃しないように宿主の免疫応答をコントロールします。

寄生性線虫による宿主の免疫調整は、寄生性線虫が作り出す種々のタンパク質を体外に分泌して作用させます。免疫調整機能をもつタンパク質のうち研究が進んでいるものとして、例えば補体系の炎症誘導機能を抑えるカルレティキュリン、ヘルパーT細胞の活性を抑制してB細胞への抗原提示を遮断《しゃだん》してしまうガレクチン、肥満細胞や好酸球が寄生性線虫を攻撃する際の武器である活性酸素種などを中和・解毒《げどく》してしまうスーパーオキサイド・ディスムターゼやグルタチオンS《エス》・トランスフェラーゼなどが挙げられます。

顧みられない熱帯病

国際連合（以下国連）では三年ごとに「国民総所得」「人的資源指数」「経済脆弱《ぜいじゃく》性指

数」を算出し、開発途上国の中でも特に後《おく》れを取ってしまっている後発開発途上国を指定しています。国民総所得の基準値を算出する際に、世界銀行が定義する一人あたりの国民総所得レベルの三年間の平均を採用し、二〇二一年の計算では一年あたり一〇八一ドル（一日約二・九ドル）以下で生活する場合となります。貧困により十分な栄養を得ることが難しく、健康な体を維持することができず、労働に従事することができず、教育も十分に受けることができず、差別や暴力が起こりやすくなり、すべてが連鎖して悪い方向へひとびとをひきずり込んでしまいます。

二〇二二年八月現在、アフリカ三三か国、アジア九か国、大洋州三か国、中南米一か国の計四六か国が後発開発途上国の指定を受けています。負のスパイラルを断ち切るため、国連をはじめ世界中の慈善団体（ビル＆メリンダ・ゲイツ財団の貢献がとても大きいです）が貧困からの脱却を第一の課題として掲げ、人類の共通課題として世界中に協力を呼びかけています。

二〇二二年一一月に世界人口は八〇億人を超え、国連経済社会局の予測では二〇五〇年には九七億人に到達するであろうと言われています。特にアジアの先進国で少子化・高齢化が加速化するなかで、発展途上国とりわけアフリカ諸国の人口増加が顕著でした。貧困からの脱却、衛生環境の改善、医療の充実を目標とした支援は少しずつではありますが功を奏し、乳幼児の死亡率が格段に低下したことが人口増加に大きく貢献しています。子供をたくさん産んで、たくさん亡くなってしまうなか、生き残って成長できた子供を労働力として一家を支えてもらおうという過去の状況から脱却しつつあるということです。各家庭の適切な家族構成と子供たちに教育を与える機会を確保すること、男女の平等といった、ファミリープランニングの支援が次のフェーズとして必要となってきます。

子供たちに教育を受ける機会を提供することは、二〇一五年に国連が掲げた「ＳＤＧ《エスディージー》ｓ《ズ》（持続可能な開発目標）」の中でも順調に進められてきた目標でした。しかし、第一の課題として掲げた貧困からの脱却をはじめ、二〇三〇年には克服しようと設定したさまざまな問題解決には到達できず、ＳＤＧｓを再検討する必要がある、一七のゴールを六つに再編する必要がある、経済の発展とＳＤＧｓとを切り離す必要がある、といった根本的なところまで議論が進みました。一日一・九ドル（国際貧困ラインの水準）以下で生活する極貧状態のひとびとが、少しずつ改善傾向であったとはいうもののいまだ世界でおよそ七億人いると推定され、どうにかしなければという議論が始まった矢先に新型コロナウイルスによるパンデミックが蔓延してしまいました。より困難な状況に突入していくなかでも、人類は地球規模の課題を継続して取り組んでいかなければなりません。

人口約八四八万人（二〇二一年度）の西アフリカの国トーゴ共和国は、国民総所得が一人あたりおよそ九〇〇ドル／年しかない後発開発途上国の一つであり、そして多くの感染症に苦しむひとびとが生活する国でした。二〇二二年八月二二日から二六日にかけて、世界保健機関（以下、ＷＨＯ）第七二回アフリカ地域委員会がトーゴの首都ロメで開催されました。この年の議題の中心も、健康問題に関する現状共有と解決目標の設定で、パンデミックによりこの二年間はオンラインでしたが二〇二二年はオンラインと対面によるハイブリッド開催でした。

　トーゴのフォール・ニャシンベ大統領も出席した初日の式典で、テドロスＷＨＯ事務局長は「トーゴが四つの顧《かえり》みられない熱帯病を根絶した最初の国になった」ことをお祝いしました。四つの「顧みられない熱帯病」とは、「リンパ系フィラリア症」「ギニアワーム症」「アフリカトリパノソーマ症」「トラコーマ症」です。はじめの二つは線虫による病気で、トリパノソーマは原虫、トラコーマは細菌です。

「顧みられない熱帯病」（Neglected Tropical Diseases《ネグレクティッド・トロピカル・ディジーズ》：ＮＴＤｓ《エヌティーディーズ》）は、衛生環境や医療体制が世界の標準以下の最貧地域に蔓延し、その国の発展を大きく阻害する病気であるにもかかわらず世界から注目されずにいる、顧みられない（ネグレクティッド）熱帯病を指します。「顧みられない熱帯病」は世界中で一〇億人以上に影響を与えていると推定され、ウイルス、細菌、寄生虫、真菌などのさまざまな病原体によって引き起こされています。ＷＨＯ

では二〇疾患を指定し、うち寄生虫が一二疾患です。その中にはリンパ系フィラリア症、オンコセルカ症、ギニアワーム症、土壌伝播《でんぱ》性《せい》蠕虫《ぜんちゅう》症《しょう》（回虫《かいちゅう》、鞭虫《べんちゅう》、鉤虫《こうちゅう》）と、線虫が原因の四疾患が含まれています。

　根絶を達成するにはまだ遠い道のりが残されているのですが、二〇二二年現在では顧みられないという状況ではなく、国連や各財団、製薬会社が連携して医療プログラムが実施されています。「顧みられない熱帯病」に関する研究成果を掲載する専門誌もPublic Library of Science《パブリック・ライブラリー・オブ・サイエンス》（略称ＰＬＯＳ、無料で自由にウェブ閲覧できる学術雑誌などを刊行する出版社）から出版されています。トーゴの例のように、一歩ずつですが成果が出てきていることは喜ばしい限りです。

　生物学的な貢献としては、病原体を媒介するベクターをターゲットとするベクターコントロール技術の開発、病原体を駆除する薬やワクチンの開発が挙げられます。ネッタイシマカやハマダラカは、遺伝子組み換え蚊を開発したり共生細菌（ここでもボルバキアが登場）を利用したりするなどして不妊化法が開発され、広範囲で実証実験が進められています。

　フィラリア症の薬として紹介したイベルメクチンは、北里《きたさと》大学の大村智《おおむらさとし》先生が放線菌から単離したものが元となり開発されたものです。経口摂取できて副作用も少なく、集団接種に適用しやすかったことから、薬の開発・販売元であるメルク社とＷＨＯの協力で各国に無償提供されることになりました。大村智先生（一九三五年〜）とウィリアム・キャンベル（一九三〇年〜）は、マラリア駆虫薬アルテミシニンを発見したトゥ・ヨウヨウ（一九三〇年〜）とともに二〇一五年にノーベル生理学・医学賞を受賞したことは、多くのひとが知るところでしょう。

ヒトやモノの国境を越えた行き来が容易となり、また温暖化の影響から熱帯病の範囲が広がりつつあります。また、ＷＨＯの指定する二〇疾患以外で「顧みられない熱帯病」と認識されている線虫病もまだあるので、研究すべき対象も多く残されています。研究により人類の抱える課題の克服を目指すとともに、こういった世界の現状を一般のひとたちに認識してもらうための教育・情報発信も、線虫学者たちの使命ではないかと考えています。

第八章

農作物の輸出入で問題となるリスク

植物防疫と線虫

ある年の暮れ、ファストフード店のフライドポテトが一時販売中止になる事態が起きました。新型コロナウイルスの蔓延《まんえん》による慢性的な物流の影響に加え、自然災害（カナダ・バンクーバー港近郊での水害）の打撃から、ポテトの輸入遅延が発生して材料不足となってしまったのです。いつでも好きなときに安価に食べられるはずのフライドポテトが、これから先食べられなくなってしまうのかもしれないという不安とともに、ポテト不足のニュースが年末年始の日本を駆《か》け巡《めぐ》りました。しかしその後供給は復旧し、再びみんながいつもどおりポテトを楽しめるようになりました。私たちが当たり前に享受している日常の便利さ・快適さが、たくさんの問題をはらみながらも多くの方々の努力によって支えられていることにも気づかされるきっかけになりました。

フライドポテトの原料はもちろんジャガイモです。南アメリカを起源とするジャガイモは、栄養価も高く、またやせた土地でも寒冷地でも栽培できることから、世界中で栽培されて、多くの品種も生み出されている人類の主要農作物の一つです。

世界のジャガイモ生産量は中国が圧倒していて（およそ一億トン／年）、また日本国内では例年およそ二三〇万トン／年を推移しています。国内生産最大拠点は北海道で、およそ一八〇万トン／年と国内生産の八〇パーセント近くを占めています。ジャガイモを用途別にみると、生食用二四・五パーセント、飼料用〇・一パーセント、種子用（種芋《たねいも》用）五・五パーセント、デンプン用三三・三パーセント、減耗《げんもう》（輸送・貯蔵過程）一〇・三パーセント、そして加工食品用二六・三パーセントといった内訳になります（二〇二〇年度）。

ジャガイモデンプンは片栗粉や糖、アルコール発酵原料など、さまざまに加工されて多くの食品の材料として利用されています。もちろん農作物ですからその収穫は天候に左右されますし、何よりも病害虫から守ることも一苦労です。安定供給を維持するためにも国産だけに頼ることはできません。輸入量を見てみましょう。

「生いも」に換算して約一〇〇万トン／年が主にアメリカから輸入されていて、その中には加工品だけでなく生鮮・冷蔵ジャガイモも含まれています。大手ファストフードのフライドポテトはアメリカ産ジャガイモを使用していて、現地で加工・冷凍されたものが日本に輸入されているようです。そのままお店で揚げてお客さんに提供できる状態で輸入されています。

薄くスライスしたジャガイモを油で揚げたポテトチップも、大人から子供まで大人気です。日本政府は二〇〇六年より、国産の端境期《はざかいき》にあたる二月から七月の間だけ、ポテトチップ加工用に限定して生鮮ジャガイモをアメリカから輸入することを認めてきました。

その際の条件として、「ジャガイモ産地がジャガイモ最重要病害ジャガイモシロシストセンチュウ未発生州である」こと、そして万が一のときのため「病害虫の拡散を最小限に食い止められるよう国内加工工場を臨海部に置く」ことが取り決められています。

スーパーに行くといつでもさまざまな生鮮食品が豊富にそろっていて、国産のみならず外国産の生鮮野菜や果物もたくさん並んでいます。菊やカーネーションなどの花卉《かき》・園芸作物なども多くが輸入されています。当たり前のことですが、植物の輸入は制限されています。外国の植物が日本に拡散・定着すれば在来生態系《ざいらいせいたいけい》のバランスを崩してしまうのみならず、植物と一緒にもち込まれる有害生物（害虫、病原体）が在来生物を脅《おびや》かすことも高リスクです。生鮮野菜や果物にも当然そのリスクがあるので、国内および国際的に植物の輸出入ルールを決めた植物防疫《ぼうえき》法があります。

農作物を輸出するとき、原則として輸出国が発行する検査証明書の添付が義務付けられています。例えば、栽培する圃場《ほじょう》では、懸念する害虫・病原体が発生していないことを政府として証明することで、この作物は安全ですよといった保障となります。輸入国の法律で定める条件（検査法、検査頻度などの妥当性を精査します）をクリアしていれば、その証明書を信頼して輸入することになりますが、検査証明書がついているにもかかわらず、植物防疫所の検疫で病原体が検出されてしまうこともしばしばあるようです。原因究明と再発防止を相手国に要求し、輸入を制限したり検査を強化したりしながら何としてでも病原体を自国内にもち込ませないよう、現場では大変な努力がなされているのです。

農林水産省管轄の植物防疫所は、横浜、名古屋、神戸、門司、那覇にあり、植物学、昆虫学、植物病理学、そして線虫学といった高度の生物学的専門知識を総動員して植物検疫が遂行されています。病原体をもち込ませないようにする水際対策こそ大切で、動物の輸出入、そして海外渡航の際のヒトの感染症対策も同じです。

植物防疫上、未知のリスクも含めた対応が現場で要求されることになりますが、警戒すべき主な病害虫として「植物病害線虫」がいくつもリストに挙げられています。ジャガイモの場合のその筆頭がシストセンチュウの仲間であり、生鮮ジャガイモを輸入する際には特に「ジャガイモシロシストセンチュウ」が高リスク病害虫です。

線虫は世界で最も深刻な農業病害虫の一つであるとされ、ナス科（トマト、ジャガイモ、トウガラシなど）のような経済的に重要な幅広い作物種に寄生し、農業被害額は世界で年間八〇〇〜一〇〇〇億アメリカドル、線虫による損失は収量全体の一二・三パーセントに相当すると言われています。

植物病原性線虫のうち、ネコブセンチュウ（メロイドジャイン属線虫）、シストセンチュウ（ヘテロデラ属線虫とグロボデラ属線虫）、ネグサレセンチュウ（プラティレンクス属線虫）が三大農業線虫として重要視されています。植物を加害する線虫とはいったいどういうものなのかを見ていくことにしましょう。

最も駆除が難しいシストセンチュウ

シストセンチュウは、ネコブセンチュウやネグサレセンチュウといった三大農業線虫をはじめ、イネシンガレセンチュウやマツノザイセンチュウ（このあとで登場）と一緒にチレンキーナグループ（第三章と第五章参照）に含まれています。

シストセンチュウの仲間は六属一二〇種以上が知られていて、根に寄生してコブを作るネコブセンチュウと比較して、おおむね宿主範囲は限られているようです。しかし、穀物（ムギシストセンチュウなど）、イネ（イネシストセンチュウなど）、トウモロコシ（トウモロコシシストセンチュウなど）、そしてマメ（ダイズシストセンチュウ）やジャガイモ（ジャガイモシストセンチュウなど）といった、重要な農作物にそれぞれ寄生する種が存在します。「シスト」を形成するがゆえに、植物病原性体の中で最も駆除《くじょ》が難しい線虫です［図45］。

第一期から第四期までの幼虫期を経て成虫になるライフサイクルの基本はやはりほかの線虫とも共通していて、植物に寄生するために特異な生態を進化させ、特にシストを形成するという特徴が挙げられます［図46］。

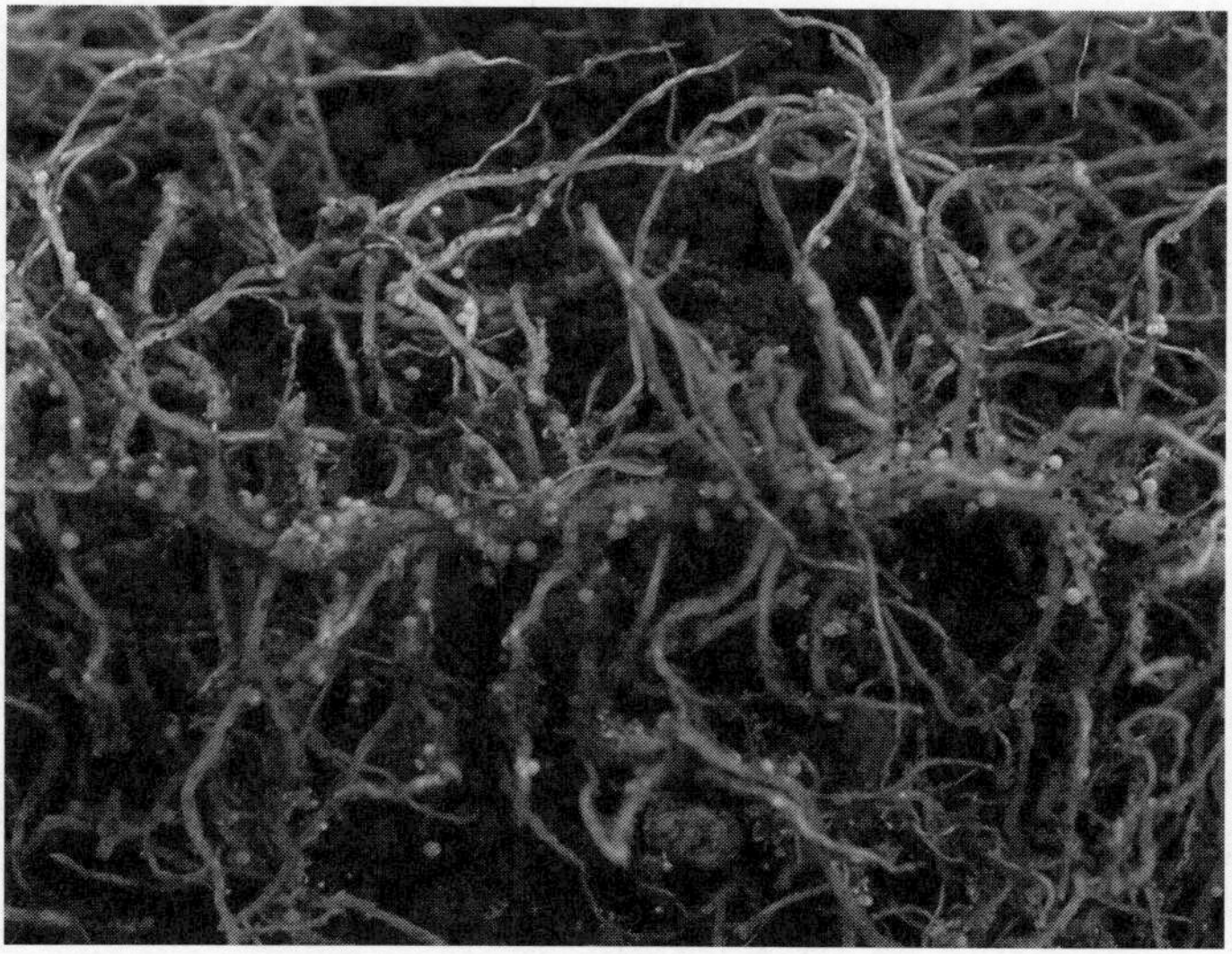

[図 45] 男爵いもの根に寄生しているジャガイモシストセンチュウ。丸いシストがたくさん見られる
写真提供：北海道農業研究センター・串田篤彦博士

丸く膨れ、乾燥して茶色く硬くなった雌成虫《めすせいちゅう》（すでに死亡）の体の中には、数百個の受精卵（これは生きている）が入っていて、これをシストと言います。シストとは、生物が増殖に適さない環境でもしばらく生き延びるために生み出されたライフサイクルの一つのステージで、細菌、菌類、原生生物などでも独自のシスト形体が見られます。

シストセンチュウのシストもその硬い殻《から》に覆《おお》われていることから、さまざまな外的環境ストレスに高い耐性をもち、そして自分たちが成長して増殖できる好条件になるまで一〇年以上もじっと耐えることができます。好条件になったことを感知すると、つまり温度や湿度が適当で、そして自分たちが餌《えさ》として利用できる適切な宿主《しゅくしゅ》植物が近くにいることがわかると、第二期幼虫ステージでじっとしていた卵の中の線虫が孵化《ふか》し、自分たちをずっと守ってくれていたお母さんの体（硬いシスト）から出てきます。

土の中を移動しながら、植物根の匂《にお》いを嗅《か》ぎ分けて自分たちの餌となる宿主を探索します。植物の根からはさまざまな匂い物質が分泌《ぶんぴつ》されていて、シストセンチュウ第二期幼虫はそれを嗅ぎ分けることができるのです。

シストセンチュウ第二期幼虫にとって、植物の根の先端近傍《きんぼう》が最も感染に適した場所です。「口針《こうしん》」を使った物理的作用と、細胞壁分解酵素をはじめ感染に必要な物質を分泌する化学的作用を併用して植物体内へ侵入し、定着する場所を探して根の組織内を移動しま

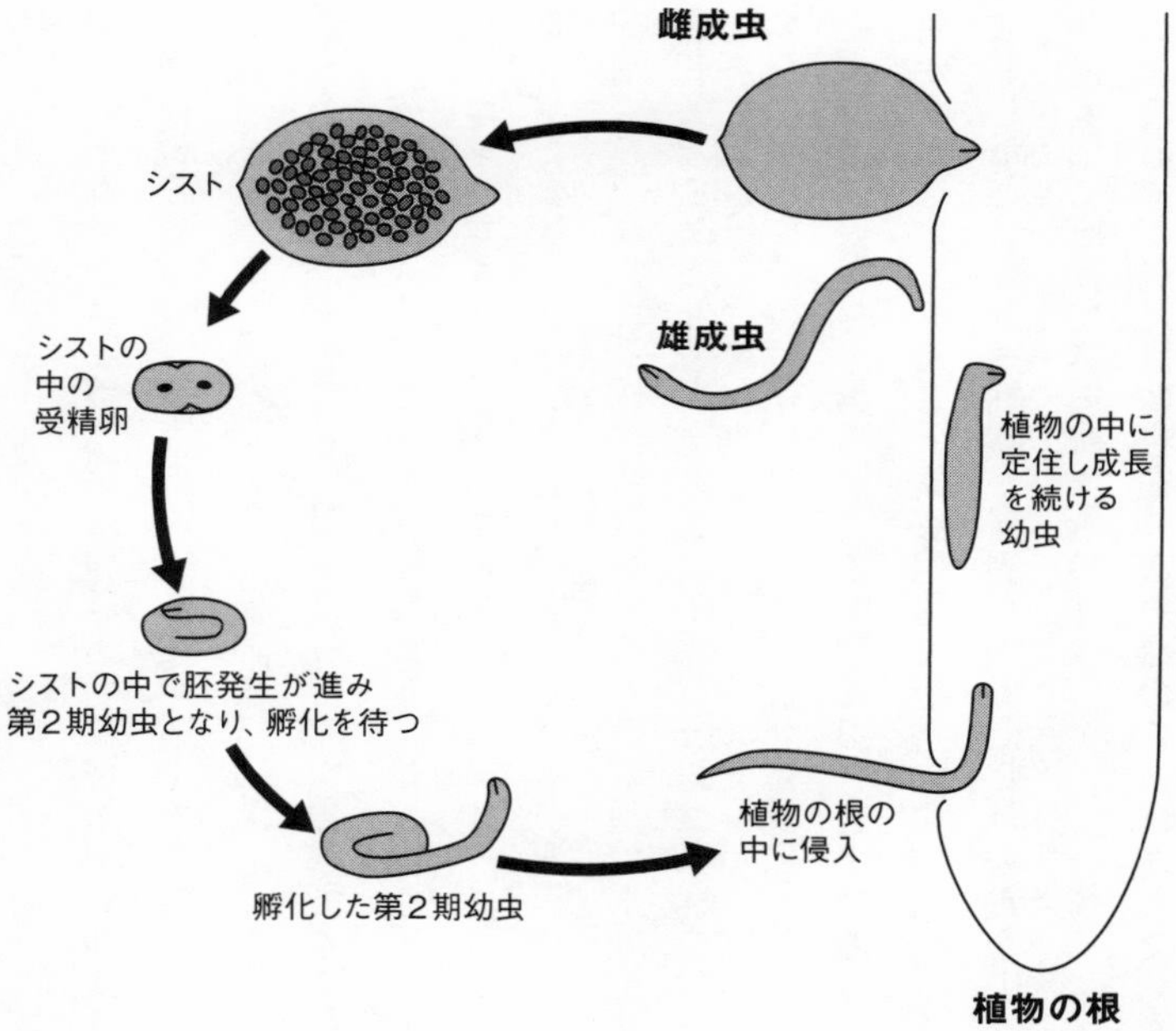

［図 46］ シストセンチュウの感染サイクル。宿主植物体内に定着して栄養を得る仕組みや、シストを形成し各種ストレスに耐えて最適な宿主が出現するのを待つ仕組みなど、洗練された植物寄生性を有しているといえる。だが、これは農業病害虫として極めて厄介な特徴である

す。

シストセンチュウ第二期幼虫は適当な場所が見つかると、根の中を縦走《じゅうそう》する維管束《いかんそく》を包む細胞層を破って、維管束に頭を突っ込んだ姿勢のまま定住するための準備に取り掛かります。まず、維管束を形成する細胞に口針で穴を開けて物質を輸送する「フィーディング・チューブ」を形成し、線虫自ら合成するさまざまな化学物質を植物細胞内に注入します。線虫が注入するこの化学物質の中には、細胞壁を分解する酵素と植物宿主の遺伝子発現をコントロールする物質が含まれています。これが注入されると、宿主植物の細胞壁が柔らかくなり、細胞が膨張し、やがて近傍の細胞同士が融合して大きな「フィーディング細胞」を形成します。植物自身のための栄養や水分を運搬する細胞が、線虫のために栄養を作り続ける構造へと改変させられてしまったのです。

シストセンチュウ第三期幼虫の定住する場所が整えられると、その場を動かぬまま栄養をたっぷり吸収し、第三期、第四期幼虫ステージを経て成虫へと脱皮《だっぴ》・成長します。命を脅かす敵もいませんし、餌も豊富で快適です。成長するごとに雌の体は丸く膨れあがり、成熟したときは生殖細胞が発達し、摂取した栄養を生殖細胞に供給して次世代を効率よく生産することができる体となります。

ところで、見た目に存在感ある雌のことばかりで、影の薄い雄の説明をすっかり忘れてしまうところでした。同じく根に侵入した雄は、第三期、第四期幼虫ステージを経て雄成《おすせい》虫《ちゅう》となり、雌成虫と交尾《こうび》をして精子を供給します。精子を供給する大切な役目を果たした雄は、まもなく死んでしまうようです。

雌成虫体内の受精卵は、細胞分裂を進めて第一期幼虫ステージとなります。卵内で一度脱皮して第二期幼虫ステージまで進んだあと、そのまま孵化せずに待機します。このころになると、雌成虫の体が乾燥して固くなり、何百個もの卵を抱えたシストが完成します。

ひとたび入ってしまえば

シストセンチュウはすべて高い耐性を備えたシストを形成しますが、それぞれ適応する宿主植物や気候によって幼虫が孵化してシストから出てくる特徴が異なります。なぜなら、一度シストから出てしまうと幼虫はさまざまなストレスに弱く（特に乾燥）、また自力で移動できる能力も乏しいため、そのタイミングを間違えてしまうと線虫にとって致命的だからです。

寒い季節と暑い季節が一年周期で交互にやってくる温帯地域では、生育する宿主植物もだいたい一年一サイクルで、そういった宿主植物に適応した線虫ライフサイクルもまた一年一サイクルとなります。また、一年中温暖な熱帯地域では、そこに生育する宿主植物も複数サイクル回せることが多く、そしてそういった宿主植物に適応した線虫ライフサイクルもまた一年複数サイクル回すことができます。

植物寄生性線虫には宿主特異性が見られる場合が多く、なかでもジャガイモシストセンチュウはその傾向が高く、ジャガイモやトマトなどのナス科植物というように限られた狭い範囲の宿主植物グループにしか寄生できません。一方で、テンサイシストセンチュウはアブラナ科（キャベツや白菜など）、ヒユ科（ホウレンソウやテンサイなど）、そしてセリ科（セロリなど）と宿主範囲が広く、さまざまな農産物を加害してしまいます。

このような宿主特異性の違いは、幼虫が孵化してシストから出てくる条件の違いとして表れています。例えば、宿主特異性が高いジャガイモシストセンチュウの孵化条件は、宿主植物根の誘引物質に強く制限されています。一方で、宿主範囲の広いテンサイシストセンチュウは、温度と水分が十分であれば孵化が誘引され、そして近場の植物に寄生することができるでしょう。この宿主範囲と孵化条件が、シストセンチュウの病原体としての特徴です。

ひとたびシストセンチュウが国内、そして圃場内へ入ってしまうととても厄介《やっかい》で、土《ど》壌《じょう》中のシストが相手では農薬処理の効果がほとんどありません。宿主農作物の栽培をすぐさま禁止し、卵からの孵化を誘引させてわざと感染・捕獲するための「捕獲作物」を植えたり、殺虫剤（ディー・ディー剤）による土壌燻蒸《くんじょう》を数年にわたって繰り返す必要があります。その間、シストセンチュウ汚染土壌が拡散しないよう、使用した農機具や重機は徹底して管理しなければならず、靴底《くつぞこ》に付着した土壌にシストが混入している場合も考えられるので注意が必要です。駆除しながら拡散を食い止めるという、困難を極める対応を続けていかなければなりません。

日本のジャガイモ畑にはすでにジャガイモシストセンチュウが侵入・定着していて、抵抗性品種を併用しながら生産してきました。ヨーロッパやアメリカではジャガイモ「シロ」シストセンチュウが猛威を振るっているので、上述したように、海外産生ジャガイモを国内に輸入する際には厳しい検疫条件を適用しています。ちなみに、ジャガイモシストセンチュウは、シスト形成前の生きている雌の体色が黄色であることに対して、ジャガイモシロシストセンチュウは白であることからこのように名前が区別されています。シストが完成すると、ジャガイモシストセンチュウもジャガイモシロシストセンチュウともに褐《かっ》色《しょく》です。

北海道では農研機構、ホクレン、ＪＡが種芋流通・供給の徹底管理をしています。農林水産省横浜植物防疫所の「種ばれいしょ検査合格証票」が発行されている種芋でなければ、販売してはいけません。

二〇一五年の夏、北海道網走市のジャガイモ畑から「ジャガイモシロシストセンチュウ」が国内初検出されてしまい、農林水産省では二〇一六年一〇月より植物防疫法に基づいた緊急防除を発令することになりました。いったいいつ、どこからジャガイモシロシストセンチュウが日本にやってきたのか、いまだにわかっていません。

確認されたジャガイモシロシストセンチュウ発生圃場の数は増えていき、緊急防除に基づく処理が速やかに実施されて多くの圃場の駆除が進んだ一方で、新たに発生が確認された圃場が加わったため、二〇二二年三月の時点でいまだ九五圃場三三〇ヘクタールが防除区画として残されているようです。

このような状況であるにもかかわらず、日本政府は二〇二〇年二月から生鮮ジャガイモの輸入を通年で認め、ポテトチップ用に限らない生食用ジャガイモの全面輸入解禁に向けて協議を始めることにも合意したそうです。ますます線虫対策ニーズが高まることでしょう。

食の安全に線虫技術を応用

さまざまな産業で遺伝子組み換え技術の実用化を先導するアメリカですが、先進的な遺伝子組み換えジャガイモもまた早い時期に開発され、アメリカ農務省およびアメリカ食品医薬品局にそれぞれ二〇一四年と二〇一五年に承認されています。アメリカ・アイダホ州に本社を置き、農業ビジネスを広く手がけるシンプロット社が開発した遺伝子組み換えポテト（GMポテト）は、線虫の研究から発見されたRNA干渉を応用したイネート・テクノロジー（Innate Technology）が使われています。

前述したように、DNAとして染色体に記された遺伝子は、必要なときにメッセンジャーRNAとして転写されたのちリボソームで翻訳されタンパク質が作られます。メッセンジャーRNAは各タンパク質を作るための情報をA・U・G・Cの文字として携《たずさ》えていることを説明しましたが、この文字情報と対《つい》になる文字情報（相補的配列、アンチセンスと呼びます）を合成して二本鎖《にほんさ》とし、これを人為的に細胞内に導入するとその配列に対応するメッセンジャーRNAの転写が阻害《そがい》されてタンパク質が作られなくなります［図47］。

RNAの転写を阻害するRNA干渉は、狙《ねら》った遺伝子の発現を阻害することができ、遺伝子情報をもとにその働きを調べる「逆遺伝学的手法」としてもよく使われますし、有害となる遺伝子を抑えて病気を治療する方法の開発も期待されています。RNA干渉の発見とその分子メカニズムを明らかにした功績に対して、アンドリュー・ファイア（一九五九年〜）とクレイグ・メロー（一九六〇年〜）の二人の研究者が二〇〇六年にノーベル生理学・医学賞を受賞しました。彼らがRNA干渉の論文を発表した最初の年が一九九八年の二月、それからわずか八年後のノーベル賞受賞でした。異例のスピードでも話題になりました。

ジャガイモを高温で調理する際に、アスパラギン（アミノ酸の一種）と糖（ブドウ糖、果糖、麦芽糖など）が反応して毒性のあるアクリルアミドモノマー（これが重合するとプラスチックのアクリルアミドポリマーに）が精製してしまいます。多くのひとが大好きなポテトチップやフライドポテトなどに、プラスチックモノマーが無視できないほどの濃度で含まれていたという報告はとても衝撃的でした（二〇〇二年報告）。

その後、食品加工関連各社は調理方法などを工夫して、アクリルアミド生成を低減しようとする努力がなされてきました。シンプロット社は、ジャガイモ地下茎でのアスパラギンや糖の生成をＲＮＡ干渉によって抑えるＧＭポテトを開発し、食の安全に貢献しようとしています。しかも、遺伝子組み換え技術と言っても、ほかの生物由来の遺伝子を組み込んで機能を付加させたわけではなく、ジャガイモ自身に備わっている遺伝子発現機構に手を加えてその働きを抑制させる技術なので、「Innate《イネート》（本来備わっているもの）」を使った「Technology《テクノロジー》（技術）」であるというところを強調しています。

シンプロット社は一九二九年に設立され、冷凍フライドポテトを世界で初めて開発し、世界中にアメリカ産フライドポテトを提供する会社です。線虫で発見されたＲＮＡ干渉を

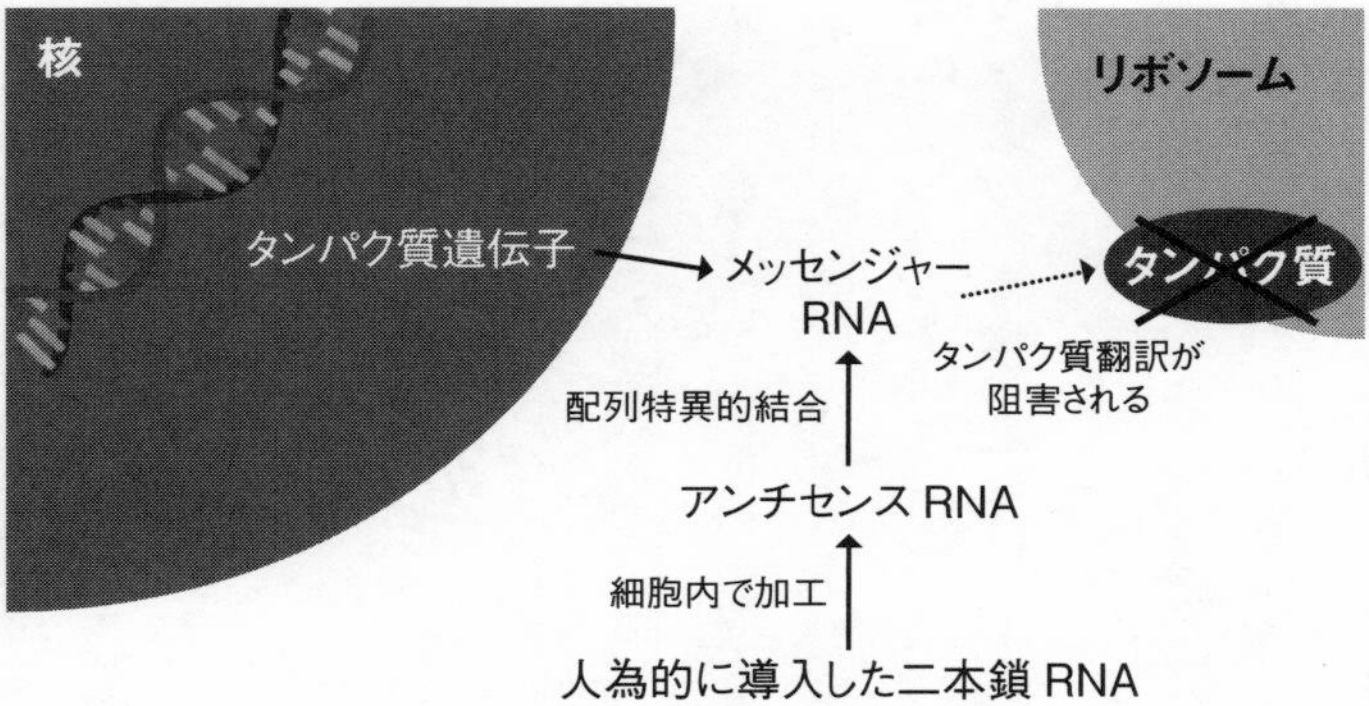

[図 47] RNA の転写を阻害する RNA 干渉の仕組み。有害となる遺伝子を抑えることで病気を治療する方法の開発も期待されている

応用した、まさにフライドポテトの革新的な技術です。まだ実用化に至っていませんが、RNA干渉を応用して「有害となる線虫あるいは昆虫だけ」を抑制する技術の開発も進められています。この技術によって農薬を使わない、あるいは減らすことができ、環境保全そして食の安全性を高めつつ食糧増産を目指すことができるはずです。

マツの強さの仕組み

晴れわたる青空の下、白い砂浜にマツが雄々《おお》しく生い立つ風景は「白砂青松《はくしゃせいしょう》」と称《たた》えられ親しまれています。特に日本三大松原《まつばら》の一つである、静岡市の三保松原《みほのまつばら》は富士山とセットで、「富士山─信仰の対象と芸術の源泉」の構成資産としてユネスコ世界文化遺産に登録されています。古来ひとびとが愛し続けた日本の美しい「原風景《げんふうけい》」であり、眺めているとセンチメンタルな気分になります。

この白砂青松の風景は、生物学者の心をも震わせます。貧栄養の砂浜に、潮風を全身で受けながら黙々と何百年と立ち続けるマツのストイックさに感動せずにはいられません。

マツは海岸砂丘という厳しい環境で生きることができるよう、体の仕組みを進化させてきましたが、その一つに「菌根共生《きんこんきょうせい》」が挙げられます［図48］。

植物の根と糸状菌《しじょうきん》（きのこの仲間）の共生を「菌根」、そのような生活をするきのこを

［図 48］海岸に生えるクロマツと共生関係を結ぶ菌根菌の例。写真上がコツブタケとその菌根、下がチチアワタケとその菌根
写真提供：鳥取大学乾燥地研究センター・谷口武士准教授

「菌根菌」と呼びます。菌根菌は土の中で細い菌糸《きんし》を張り巡《めぐ》らせて効率よく水分や無機栄養を集めることができ、自らの栄養とともに木の根にもおすそ分けします。また樹木は光合成によって作られた有機栄養を菌根菌にも供給するので、マツと菌根菌とは相利共生《そうりきょうせい》関係が成り立っているのです。

海岸に生えるマツは基本クロマツ、砂丘でもたくましく生きられる特別な菌根共生を確立していますが、多くの植物が何らかの菌根菌と共生関係があると言われています。例えば、森林で育つアカマツの菌根菌パートナーの一つがマツタケです。

スギやヒノキ、そしてマツなどの針葉樹は、日本の森林生態系の重要な構成メンバーであるとともに、林業においても利用価値の高い重要樹種でした。マツ属樹種は世界中で一二〇種ほどが知られており、天然の生息地は主に北半球ですが、林業用にあるいは防風林として、南米やオセアニア地域といった南半球も含め世界中で植林されています。

日本で一番なじみのあるマツ属植物といえばアカマツとクロマツが挙げられますが、それ以外にもゴヨウマツ、リュウキュウマツ、ハイマツ、チョウセンゴヨウ、ヤクタネゴヨウの計七種が自生しています。

ハイマツは地面を「這《は》う」ように生え、シベリアなど北方に生息する寒さにきわめて強くたくましいマツで、生息地の南限は日本です。氷期《ひょうき》に分布を南へと拡大していきましたが、約一万五〇〇〇年前に氷期が終了して間氷期《かんぴょうき》に入るとともに温暖が進み、日本では高山にだけ取り残されてしまいました。東日本の山々を登ると、樹高の高い森林から見晴らしのよいハイマツ林へと変わっていくのを経験します。森林限界を抜けると花畑が広がります。

そのマツを襲う線虫病

強くたくましいマツの木々ですが、この一〇〇年間で日本や中国、台湾をはじめとする東アジアの多くのマツ林がある疫病によって大打撃を受けています。マツ材線虫病《ざいせんちゅうびょう》（パイン・ウィルト・ディジーズ）と呼ばれ、その病原体はマツノザイセンチュウ（ブルサフェレンクス・ザイロフィルス）という線虫の一種です。

日本では、カミキリムシの一種であるマツノマダラカミキリ（モノカムス・アルタナータス）がベクター（媒介者）として病気を蔓延させています［図49］。雌雄異体《しゆういたい》のマツノザイセンチュウは、植物細胞も、そして糸状菌も食べることができるので、寒天培地《かんてんばいち》上に増殖した糸状菌（灰色カビ病菌ボトリティス・シネレア。分生子《ぶんせいし》を作らず、菌糸が白い培養《ばいよう》株が広く使用されています）を餌にして容易に培養することができます。

マツノザイセンチュウの増殖については、基本はほかの線虫と共通しているものの、マツノザイセンチュウ特有の点がいくつかあります。受精から孵化までの胚《はい》発生は二五度でおよそ二五時間、卵内で第一期幼虫まで発生が進んだのち脱皮して、第二期幼虫となってから孵化します。第三期幼虫そして第四期幼虫を経て成虫となる増殖型サイクルは、灰色カビ病菌を餌に二五度で培養すると、およそ五日で一世代が回ります。マツ樹木の中で生活しているときは、マツの師部《しぶ》細胞（師管を形成する細胞）や材内にはびこる糸状菌を餌にして増殖しています。

マツノザイセンチュウには、自活性線虫の耐久型幼虫ステージもしくは寄生性線虫の感《かん》染態《せんたい》幼虫ステージのように、増殖型とは異なる「分散型幼虫ステージ」があります。第二期幼虫のときに餌不足や線虫密度の高さを検知して、分散型第三期幼虫となり、やはりこのステージは各種ストレスに対する耐久性が高くて長期生存が可能です。その後、カミキリ蛹《さなぎ》の匂い物質が引き金となり分散型第三期幼虫から分散型第四期幼虫となります。カミキリが羽化《うか》するとき、分散型第四期幼虫はカミキリの気門《きもん》（呼吸をする穴）や生殖器（雄の交尾器、雌の産卵管）の中に乗り込んで、新たな木に運ばれるのです。

次にベクターであるマツノマダラカミキリのライフサイクルを重ねて、マツ材線虫病の感染メカニズムを説明していきます。

マツノマダラカミキリは、弱ったり枯死《こし》したりしたマツを「食べ物」兼「住処《すみか》」として

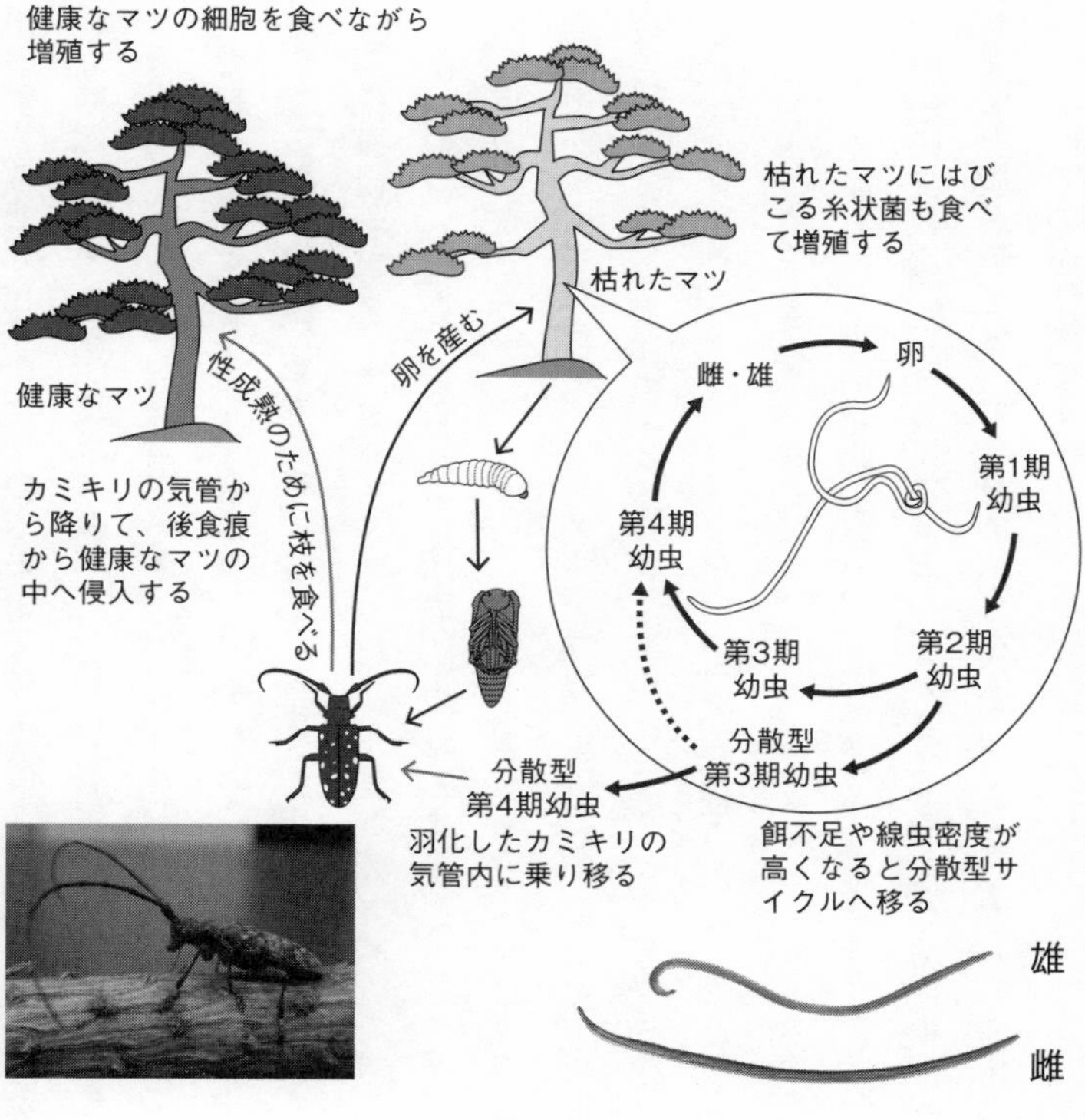
健康なマツの細胞を食べながら
増殖する
健康なマツ
カミキリの気管から降りて、後食痕から健康なマツの中へ侵入する
性成熟のために枝を食べる
卵を産む
枯れたマツにはびこる糸状菌も食べて増殖する
枯れたマツ
雌・雄
卵
第1期
幼虫
第2期
幼虫
第3期
幼虫
第4期
幼虫
分散型
第3期幼虫
分散型
第4期幼虫
羽化したカミキリの
気管内に乗り移る
餌不足や線虫密度が高くなると分散型サイクルへ移る
雄
雌

[図 49]　マツノザイセンチュウの感染サイクル。マツ樹体内で増殖してマツを枯死させ、ベクターのカミキリが産卵しやすくなる。そして翌シーズンになると、カミキリによって新たなマツの木に運ばれる。マツノザイセンチュウとカミキリの完璧な相利共生関係に見える

利用するので、元気なマツの木の中では生活できません。交尾を終えた雌は、弱ったあるいは枯死したマツの樹皮下に産卵し、孵化した幼虫は辺材《へんざい》（樹皮下にある師管や仮導管といった機能を有する層、死んだ細胞でできた中心部分は心材と呼ぶ）を餌にしてすくすく育ち、材の中で越冬し蛹となります。春になると羽化してマツの木から脱出し、そのときのマツノマダラカミキリの気管や生殖器にはマツノザイセンチュウが乗っています。

羽化直後のマツノマダラカミキリは生殖巣《せいしょくそう》が未発達で、春に新しく伸長する「元気なマツ」の枝（当年枝）を食べて性成熟を果たします。マツノマダラカミキリによる性成熟のための摂食《せっしょく》を「後食《こうしょく》」といい、このときにマツから発せられる揮発性《きはっせい》物質に分散型第四期幼虫が誘引されます。マツノマダラカミキリから降りてきたマツノザイセンチュウは、後食痕《こうしょくこん》からマツの体内へと侵入します。マツノマダラカミキリによって、枯れたマツから元気なマツへとマツノザイセンチュウが伝播《でんぱ》されてしまう瞬間です。

後食痕から分泌される樹脂（マツヤニ。傷口ができた際に病原体の感染から守る働きをもつ）をかいくぐり、マツの組織中に侵入したマツノザイセンチュウは生きたマツの細胞を食べ、感染後数週間のうちに木は弱っていきます。樹脂分泌機能がストップし、仮導管の水分通道機能が破壊されて全身に水分を供給できなくなり、樹木の先端から針葉が茶色く変わっていくのが特徴です。

夏の高温ストレスにさらされた感染木は、その後一気に枯れてしまいます。マツ材線虫病で枯死したマツの木は、マツノマダラカミキリにとって絶好の産卵場所です。そのまま野外に放っておくと、翌年にはマツノザイセンチュウを乗せたマツノマダラカミキリがそこからたくさん出てくるので、病気はますます蔓延してしまいます。

これまでの関係を見てみると、マツノザイセンチュウにとってのマツノマダラカミキリは、新たな生息場所へと運んでくれる有益なパートナーです。そして一方のマツノマダラカミキリにとってのマツノザイセンチュウは、元気なマツの木を枯らして産卵場所を作ってくれる、やはり有益なパートナーです。この二者だけに注目してみると、非常に有効な相利共生関係が成り立っていますが、マツにとってはたまったものではありませんし、森林生態系全体を見たときにこれはサステイナビリティが成り立っていないことに気づくはずです。

線虫にも外来種問題

マツノザイセンチュウは北米原産の線虫で、北米の各種マツ（テーダマツ、スラッシュマツ、ダイオウマツなど）に対する病原性はなく、現地モノカムス属カミキリムシ（主にモノカムス・カロリネンシス）とともに良好な共生関係が築かれていて、現地生態系のバランスがうまく維持されています。普通カミキリムシは、元気なマツの木に産卵することができません。元気なマツの木であっても、幹の下のほうに古くなって枯れ落ちる前の枝がついていることがよくあります。また、マツは陽樹であり太陽の光が十分当たらなければ弱ってしまいます。あとから大きく育った陰樹《いんじゅ》による被陰《ひいん》や、あるいは落雷など何らかの原因で自然に枯れたり弱ったりした木、そして枯れ落ちる前の枝がカミキリムシの生息場所になります。

北米において、マツノザイセンチュウはカミキリムシの後食痕から元気な北米産マツの樹体内へ侵入することができません。弱ったマツの木や枝に産卵するカミキリムシの産卵跡から、マツノザイセンチュウはマツ樹体内へと入っていきます。孵化したカミキリムシ幼虫はマツの材を食べて掘り進みながら成長し、坑道《こうどう》にはびこる糸状菌がマツノザイセンチュウの餌となります。カミキリムシ幼虫の近くでマツノザイセンチュウが増殖することになります。カミキリムシが蛹になるころに線虫は分散型第四期幼虫となり、羽化脱出するときにカミキリムシに乗り込み、次の生息場所へと運んでもらいます。

本来の生息地では、その場所の生物たちとバランスのとれた関係が成り立っていることがわかります。

一九〇五年に長崎でマツが一斉に枯死した記録があり、これが世界で最も古いマツ材線虫病の報告ではないかと言われています。おそらく北米からの輸入マツ材あるいは梱包資材にマツノザイセンチュウが混入していて、日本に生息するマツノマダラカミキリとたまたま関係を確立してしまったと思われます。

その後も何度かマツノザイセンチュウの国内侵入を許してしまったようで、被害は全国に広がっていきました。一九七九年に記録した被害量およそ二四三万立方メートルがピークで、今でも（二〇一九年度）、約三〇万立方メートル／年の被害量を記録して日本のマツを枯らし続けています。ベクターであるマツノマダラカミキリの生息限界がマツ材線虫病の北限となりますが、温暖化とともにその前線がじわじわと北上し、青森にまで被害が広がってしまいました。日本におけるマツ材線虫病激害地の最前線は東北地方、森林総合研究所東北支所の方々が中心となってマツ材線虫病被害を食い止めるために並々ならぬ努力をしています。

マツ材線虫病の病原体およびベクターを特定し、感染サイクルが明らかになっていく過程で、マツノザイセンチュウと形態的にとてもよく似た別種の線虫が発見されました。形体は酷似《こくじ》しているものの、日本のマツに病原性がないことから「ニセ」マツノザイセンチュウ（ブルサフェレンクス・ムクロナータス）と名付けられました。当時はまだマツノザイセンチュウが北米からの外来種であることが知られていませんでしたが、その後の研究からマツノザイセンチュウは外来種であり、そしてニセマツノザイセンチュウこそ古来日本に生息する在来種であることがわかりました。

北米のマツとマツノザイセンチュウとの関係と同じく、自然に弱ったり枯死したりするアカマツやクロマツがニセマツノザイセンチュウの生活の場所であり、マツノマダラカミキリとともに日本の森林生態系のバランスを保ちながら各々の生活が育まれていたのです。

人工感染実験により、ニセマツノザイセンチュウは北米産マツに対して病原性がないことがわかりましたが、マツノザイセンチュウはヨーロッパのマツ樹種にも病原性があることが示されました。ポルトガルにおいて、一九九九年にヨーロッパで初めてマツ材線虫病が発生し、地中海地方に自生するフランスカイガンショウが被害を受け、現地のカミキリ（モノカムス・ガロプロビンシアリス。マツノマダラカミキリと同じモノカムス属）によって媒介されることがわかりました。

日本のマツ材線虫病最前線である東北でも、大西洋に面するイベリア半島の玄関口でもあるポルトガルでも、被害木を発見したらその地域のマツをすべて伐倒し、カミキリが病原体を拡散しないよう徹底しています。こういうときは水際対策が最も大切で、マツノザイセンチュウおよびそのベクターとなるカミキリムシは重要検疫対象として厳しく取り締まっています。マツ材を使った家具などの加工品を輸入する際にも、その材が殺虫処理されたものかを検査します。ヨーロッパにおいて、マツは重要な林産物なのです。

その地域の環境で見られる持続可能な生物同士の共生関係は、長い進化の過程を経て築きあげられてきました。ヒトの経済活動が原因で、本来そこにいなかった生物が別のところからもち込まれ、外来生物としてそこに定着してしまうことが頻発《ひんぱつ》しています。バランスのとれた共生関係が築きあげられぬまま突然もち込まれるので、外来生物はその地域に定着できないことが多いものの、ひとたび定着してしまうとその地域の生態系を大きく変えてしまうことがあります。

マツ材線虫病は、世界の森林生態系そして産業に大きなダメージを与える外来種問題です。残念ながら日本では林業があまり重要視されておらず、産業としても厳しいものがありますが、日本でも世界でもマツ材線虫病の脅威はまだまだ続いています。マツ材線虫病研究から学ぶことは多く、そして継続的に取り組まなければならない課題です。

樹木病害といえばカビやウイルスが病原体であることが多く、また枯死した材にさまざまな甲虫《こうちゅう》が産卵し、そしてそこから羽化して出てくるので、マツ材線虫病の病原体を特定する作業は大変だったようです。一九六〇年代から一九七〇年代にかけて行われてきたマツ材線虫病研究の中で、カビやウイルス、甲虫ではなく、線虫が病原体であるという結論に至った経緯、病原体の線虫は北米原産の外来種であることがわかった実験など、当時のマツ材線虫病研究を牽引《けんいん》してきた先輩研究者の実体験に基づいた話はとても臨場感があります。

現在私が担当する環境動物学の講義の中でも、マツ材線虫病の話をする時間がありま す。学会でのマツ材線虫病研究者たちの話を思い出しながら、あたかも自分がその場に居合わせたかのように学生たちに話をしています。

第九章

線虫は感じている

線虫の「感覚」

人類はさまざまな動物を使って実験をしてきた歴史があります。ときには自らが実験台となり、その結末の善《よ》し悪《あ》しにかかわらず、その後の科学の発展に資する貴重なデータが提供された場面もあったかもしれません。もちろん危険を伴うような人体実験は許されません。また動物愛護の倫理的および環境保全の観点などから、実験に使用する動物の苦痛をなくすよう、できれば動物を使用しないよう、世界的に規制が厳しくなっています。生命科学系の学部を擁する大学や研究機関では、文部科学省や日本学術会議が作成したガイドラインに従った実験動物の取り扱い規定があり、実験従事者はその規定に従い、実験計画の提出、講習の受講が必要となります。

命を粗末にしないことはすべての動物に当てはめられることですが、日本では「爬虫《はちゅう》類《るい》以上」の脊椎《せきつい》動物を実験動物として扱うときに、そのガイドラインが厳しく適応されることになり、最近では両生類《りょうせいるい》や魚類まで対象範囲が広がりつつあります。動物にストレスをかけない飼育環境であるか、解剖時に苦痛を伴わないよう適切な麻酔処置を講じているかなどを、実験計画書に詳しく記さなければなりません。

線虫を使う研究の場合はどうかというと、こういった実験動物ガイドラインに従う必要がないので（ただし遺伝子組み換え実験の際、あるいは重要病原体や外来生物である場合は厳しい管理が必要）、そういった点でも扱いやすい実験動物であると言えるでしょう。

ところで、線虫は研究室の培養《ばいよう》環境でストレスなく快適に生活しているのでしょうか。さまざまな実験に供試《きょうし》されるときに、痛みを感じていないのでしょうか。線虫の「感覚」はどうなっているのでしょうか。

ヒトがもつ感覚として「視覚」「聴覚」「嗅覚《きゅうかく》」「味覚」「触覚」の五感が挙げられます。そして目、耳、鼻、舌、皮膚《ひふ》がそれぞれの刺激を受容する感覚器官です。

触覚は「体性感覚《たいせいかんかく》」とも呼ばれ、表在《ひょうざい》感覚である触覚（圧覚）、痛覚、温度覚、痒覚《ようかく》と、深部感覚に分類されます。触覚といえば一般的に表在感覚のことが思い浮かぶと思いますが、手足など体の各部位の位置と動きの感覚を指す深部感覚もとても重要で、感覚器官として筋肉が挙げられます。立ったり座ったり歩いたり、普通に動いているときの体のバランスを保つ際に必須で、目をつぶっても自分の鼻や耳をつまめるのが深部感覚の働きによるものです。

寒天培地《かんてんばいち》上を這《は》う線虫を細い糸などで軽くタッチすると、タッチされた部位と逆のほうへと逃げていきます。成熟した成虫は、異性を「発見」（線虫の場合は匂《にお》いで判断）するや否《いな》やすぐさま寄ってきて、雄《おす》は雌《めす》の体をなでまわして陰門《いんもん》の場所を探して交尾《こうび》を始めます

（第五章参照）。おいしそうな食べ物の匂いを嗅《か》ぎつけると一目散《いちもくさん》に寄ってきて、頭を突っ込んで味を確認しながら摂食《せっしょく》を開始し、まずいと吐き出します。細菌食性の自活性線虫の場合、寒天培地上に撒《ま》かれた大好きな菌を食べつくすまでそこから出てこようとしません。深部感覚に異常をきたした線虫は、寒天培地上でスムーズなにょろにょろ運動（リズミカルなサインカーブを描く運動）ができなくなってしまいます。

土壌《どじょう》中に生活する植物寄生性線虫は、植物の根からの分泌物《ぶんぴつぶつ》を認識し、昆虫病原性《こんちゅうびょうげんせい》線虫は宿主《しゅくしゅ》昆虫から放出される匂いを認識し、それぞれ自分に適した宿主かどうかを確認します。中間《ちゅうかん》宿主や終《しゅう》宿主を介して生活環（ライフサイクル）を回す絶対寄生性線虫は、宿主動物の生理状態や組織ごとに異なる体内環境を認識し、適切なタイミングで目的の組織へと移動して次の発生ステージへ進めています。

線虫は触覚をもち、匂いや味、温度を感じることができ、さらに音も色も認識できるといった研究も発表されています。私たちと同じように、いろいろと感じているようです。

神経細胞は少ないけれど

では、線虫の神経はどのような仕組みになっているのでしょうか。モデル生物である線虫エレガンスを例に、説明していきます。

雌雄同体成虫《しゆうどうたいせいちゅう》は九五九個の体細胞《たいさいぼう》からなり、このうち三〇二個が神経細胞（ニューロン）、五六個がそれらを支えるグリア細胞です。これは胚《はい》発生の連続観察によって細胞数やその配置が調べられました。

神経細胞体から一本あるいは二本の細長い神経突起が伸び、神経細胞同士あるいは筋肉などの組織と結合して神経回路を構築しています。合計たった三〇二個なので、例えばショウジョウバエは脳だけでもおよそ一〇万個もの神経細胞をもち、ヒトの脳では約一〇〇〇億個の神経細胞があるということと比較すれば圧倒的に少ない数です。やはり線虫は、いろいろな能力が発達していない、単なる奇妙なにょろにょろ生物なのでしょうか。

ヒトの神経突起は、刺激を感じて入力する「樹状突起《じゅじょうとっき》」と出力する「軸索《じくさく》」と、伝達の方向性が決まっていますが、線虫の神経突起は入力と出力の両方向が可能である場合が多いようです。神経回路の結合の種類と数として、化学シナプス結合が約六四〇〇か所、電気シナプス結合（ギャップ結合）が約九〇〇か所、運動神経と筋肉の結合が約一五〇〇か所あることも調べられました。

これは線虫の頭の先から尻尾《しっぽ》の先までをひたすら薄く輪切りにし、その断面を透過型電子顕微鏡で観察しながら全身の神経回路の配線を確認してつなげていくという途方もない作業によって完成されました。線虫全身の「神経回路図」が手に入れば、どの回路を破壊すればどういった行動に影響を与えるかという実験や、異常な行動を示す個体はどの回路が異常になったからかを調べる実験ができるようになります。動物の行動を神経細胞レベルで調べることができるのです。

線虫の視覚と聴覚については、それを確かめる実験方法が発表されてから少しずつ研究が進み始めました。触覚についても多くの研究成果が積み重ねられてきました。環境中に存在する化学物質を感知する嗅覚と味覚は、線虫でとてもよく発達していて、特にエレガンスで実験が組みやすいことからも随分と研究が進んでいます。

嗅覚は空気中を漂う揮《き》発《はっ》性《せい》化学物質を検出し、離れている場所の情報を得る感覚であるとされ、ヒトの場合は鼻が感覚器官です。味覚は水溶性の化学物質に直接触れて情報を得る感覚であるとされ、ヒトの場合は舌が感覚器官です。線虫の感覚器官は頭部に集中していて、左右に一つずつ開口するアンフィド感覚器が嗅覚と味覚、さらに光と温度を感知する働きをもっています。

線虫エレガンスの場合、一つのアンフィドを構成する感覚神経はわずか一二個（左右で計二四個）、神経突起の先は繊《せん》毛《もう》構造で、表面には特定の化学物質をキャッチする「受容体」がたくさん並んでいます。アンフィドを構成する神経突起の先端は、一つがクチクラに覆《おお》われていますが、ほかの一一個はアンフィド開口部で外部に露出していて、環境中の化学物質をキャッチすることができます。神経突起の先端に並ぶ受容体が化学物質をキャッチすると、神経細胞を経由して刺激が体内へと伝達され、その化学物質に対する線虫の応答を促《うなが》します。

匂いを区別する能力は犬に勝る

化学物質をキャッチする受容体は「G《ジー》タンパク質共役受容体《きょうやくじゅようたい》」と呼び、タンパク質からできているのでGタンパク質共役受容体遺伝子の情報をもとに細胞内で作られます。受容体遺伝子はたくさんの種類があって、それぞれの受容体遺伝子から異なる化学物質に対応する受容体が作られ、感覚受容器の神経突起先端に配置されます。線虫の研究者ではありませんが、嗅覚レセプターがGタンパク質共役受容体であることを発見した二名の研究者、リンダ・バック（一九四七年〜）とリチャード・アクセル（一九四六年〜）が二〇〇四年にノーベル生理学・医学賞を受賞しました。

昆虫も線虫も、哺乳《ほにゅう》類も、さまざまな生物がGタンパク質共役受容体遺伝子をもっていて、匂いや味の情報をもつ化学物質を受容する役割のものもあれば、視覚をつかさどる眼の網膜で光を受容する色素タンパク（ロドプシン）として働くものもあります。血中を流れるホルモンや神経伝達物質を受容するのもＧタンパク質共役受容体が多く、生体内において化学物質を介したさまざまな情報を受け渡しする場面で、それぞれの各役割を担うＧタンパク質共役受容体が存在します。

ヒトの味覚で「あまい」「にがい」「うまい」はＧタンパク質共役受容体で認識されますが、「すっぱい」「しょっぱい」は「イオンチャネル」という別の仕組みのレセプター、そして「辛《から》い」は「ＴＲＰ《ティーアールピー》チャネル」と言って、舌だけではなくいろいろな場所に存在する受容体で認識されます。

唐辛子《とうがらし》（カプサイシン）の辛さを認識する受容体は高温刺激も受容し、ペパーミント（メントール）の辛さを認識する受容体は低温刺激も受容する働きももっていて、つまりこの二つの受容体によって温度を認識することがわかっています。温度センサーそして圧感覚センサーを発見した成果によって、これもまた線虫の研究者ではないのですが、デヴィッド・ジュリアス（一九五五年〜）とアーデム・パタプティアン（一九六七年〜）の二名の研究者が二〇二一年にノーベル生理学・医学賞を受賞しました。

嗅覚神経突起の表面に配置されて匂い物質をキャッチして認識する受容体は、ヒトで約四〇〇種類、線虫エレガンスで約一二〇〇種類が知られています。受容体は種類ごとに結合する物質が異なり、生物種ごとに受容体の数も違います。受容体の種類が多ければ、区別できる物質の種類も多くなるということであり、その生物はより多くの種類の匂いを嗅ぎ分けることができるということになります。

ヒトの鼻の奥にある「嗅上皮《きゅうじょうひ》」に並ぶ嗅覚神経細胞の数は約五〇〇万個ありますが、線虫エレガンス頭部の左右アンフィドに配置する嗅覚神経細胞はたった一〇個だけです。一〇個の嗅覚神経突起の先端に、一二〇〇種類の受容体が並んでいて、認識した匂い物質情報をもとにその場の環境状況を認識して行動を起こさせます。神経の数が多いから認識できる匂いの種類が多いというわけではないようです。

また、少しややこしくなりますが、ある一種類の匂い物質は一種類の受容体に認識されるわけではなく、複数の受容体によって認識される場合があること、ある一種類の受容体であっても複数種類の匂い物質を認識する場合があることが知られています。

さらに、同じ匂い物質でも濃度が違えばそれを認識できる受容体とできないものがあるため、その匂いに誘引されるか忌避《きひ》するかといった真逆の行動が示されることもあります。第五章で紹介したアスカロサイドがまさにそうですし、インドールという化学物質に対するヒトの匂い感覚もよく例として挙げられます。インドールは室温で固体の有機化合物であり、そのままだと大便の匂いがして大体のひとにとってはとても臭《くさ》く感じるものです。しかしアルコールや油脂に溶かして低濃度（二・五パーセント）にすると、不思議なことにジャスミンの香りになります。インドールは合成香料の原料として工業的に生産されています。

環境中にはさまざまな種類の匂い物質がさまざまな濃度で混合された状態にあり、それを線虫が認識して近寄ったり逃げて行ったりします。匂い物質が「入力」であれば、線虫の行動が「出力」です。嗅覚神経細胞が一〇個しかなく、受容体の数もわかっているので、どの嗅覚神経に存在する受容体が、どの匂い物質と結合できるかを一つずつ調べていくことは可能で、その出力となる線虫の行動変化も実験室で観察することができます。

酵母《こうぼ》や乳酸菌の代謝によって生成されるジアセチルという化学物質は、エレガンスを誘引する物質としてよく実験に使用されています。自活性土壌線虫が、野外にて餌《えさ》となる細菌を探すための指標となる化学物質なのかもしれません。ジアセチルは、チーズやヨーグルト、ビールやワイン、日本酒といった発酵食品の品質を決める指標となる重要な物質でもあります。例えばチーズなどの乳製品ではその独特の風味の主体であり、ジアセチル含有量がその製品の個性を生み出してくれます。またビールなどはその品質を低下させる物質であり、ジアセチルの発生を抑える醸造法が開発されてきました。

ジアセチルと結合する線虫の受容体は*odr-10*《オーディーアール・テン》遺伝子から転写・翻訳され、嗅覚神経一〇本のうちの一つＡＷＡ神経上に配置されることがわかっています。*odr-10*遺伝子が壊れるとジアセチルに誘引されないので、*odr-10* 遺伝子から作られる受容体はジアセチルを認識して、その匂い物質に誘引されるよう線虫の行動をコントロールする働きがあると判断できます。遺伝子組み換えによって、*odr-10* 遺伝子から作られる受容体をＡＷＡ神経とは別の嗅覚神経であるＡＷＢ神経に配置させると、今度はジアセチルに対して忌避する行動になります。

ＡＷＡ神経は誘引行動をコントロールし、ＡＷＢ神経は忌避行動をコントロールする働きをもっていて、匂い物質レセプターがどちらに配置しているかによって、匂い物質に対する行動が決まっていることになります。

ジアセチルに対する行動はとてもシンプルに説明がなされましたが、嗅覚神経と受容体を変えずにその下流にある神経回路を切り替えると、同じ匂い物質に対する行動が誘引から忌避へと変わる場合も知られています。

その生物の嗅覚が優れているか否かを判断するとき、区別することができる匂いの「種類が多いか」どうかと、遠いところから発せられるわずかな匂いでも判別することができるかといった「感度」という二つのポイントがあります。感度についての評価は難しいようですが、匂いの種類を区別する能力は神経の数ではなく受容体の種類が大きく影響しています。

嗅覚が優れている動物の代表であるイヌは、約二億個の嗅覚神経細胞をもっていて、受容体はおよそ八〇〇種類です。エレガンスがもっているGタンパク質共役受容体は約一二〇〇種類なので、匂いを区別する能力は犬よりも線虫が勝っているようです。

環境中に存在する化学物質を検知するセンサーとして線虫が使えないかという発想で進められる研究のうち、現在最もインパクトの高いものとしては、尿からがんを判別するという「N《エヌ》―N《ノ》O《ー》S《ズ》E」の実用化につながる研究成果ではないでしょうか。

がんに罹《かか》ったひとの呼気や尿中に特有の匂い物質が検出されることは以前から知られていて、イヌなどの嗅覚が優れた動物を使ってこれを検出すれば、がんのスクリーニング検査に応用できるのではないかといった考えは一〇年以上前から存在していました。また、ヒトの胃に迷いこんでしまったアニサキスの幼虫が、たまたまあった胃がんの病巣に集まることも以前から報告されていました。これらを組み合わせ、ヒトの尿を一〇倍に薄めたものを寒天培地の一端に滴下《てきか》して、別の一端にエレガンスを置いておくと、がん患者の尿にだけ集まってくることが広津崇亮《ひろつたかあき》先生（HIROTSUバイオサイエンス代表）によって示され、「N―NOSE」は安価で簡便ながんスクリーニング法として実用化されました。

全身のさまざまながんであっても、おそらくすべてのがんに共通したがんの匂い物質が尿中に排出され、多くの化学物質が混合する尿の中からそれを線虫が嗅ぎ分けて、しかもそこに寄ってくるという行動を示してくれるのでしょう。なぜ線虫がその匂いを嗅ぎ分けて誘引されるかはわかっていませんが、「線虫ががん患者の尿に誘引される」という現象は間違いなさそうです。がんに共通したがん特有の匂い物質は何か、線虫を使えば明らかになるかもしれません。

たった一〇細胞の嗅覚神経に、一二〇〇種類の受容体が並んでいて、それぞれの受容体が化学物質を受容する仕方にかなり特徴があるようです。化学物質を認識した受容体が、線虫の行動へと変換させる神経回路も、数少ない神経細胞からなるにもかかわらず、なかなか複雑そうです。単純で最も研究しやすい生物であれ、全容解明を目指すにはまだ遠い道のりが待っていますが、なぜ線虫がその匂いから逃げたり近寄ってきたりするかというと、その匂いが好きか嫌いかであって、その匂いの元が線虫にとって有益か有害かだからでしょう。

学習し、記憶する

大好きな大腸菌をたらふく食べられる状況に加えて、単独では走化性《そうかせい》を示さない（誘引されず忌避もしない）匂いを嗅がせておくと、線虫はその匂いと大腸菌が関連あることを「学習」し、大腸菌がなくてもその匂いに誘引されるようになります［図50］。

成熟直後の若い線虫にこのような関連付け学習をさせると、匂いを長時間「記憶」していますが、老化が進むにつれて学習することはできても長期間記憶することができず、すぐに忘れてしまいます。年を取るとともに記憶力が低下することを、線虫を使った実験で示すことができました。

また、餌を与えないままの空腹状態に、今度は単独で正の走化性を示す（誘引される）匂いを嗅がせておくと、今度はその匂いと「腹ペコだった厳しい環境」が関連あることを学習し、本来は誘引されるはずの匂いに誘引されなくなります。好きだった匂いを忌避するようになる学習は、一日経《た》ったあとでもしっかり記憶していて、その匂いを嗅いだだけで、空腹に対応する生理反応が誘引されます。体の生理反応を誘引するうえで、神経伝達物質の一つであるセロトニン分泌が関与しているようです。

線虫も好き嫌いを判断し、学習し、そしてそのことを覚えているのです。私たちと同じような感覚をもっていて、同じ神経伝達物質により体の生理反応も制御されていることがわかります。第五章で紹介したように、異性に強く惹《ひ》かれ、食事を忘れるほど相手に夢中になる状況は、私たちと同じです。

線虫を研究すればするほど、生物に共通した基本原理が多いことが見えてきます。線虫を代用してヒトや生物のことがわかるといったモデル生物の役割の重要性が高まってきま

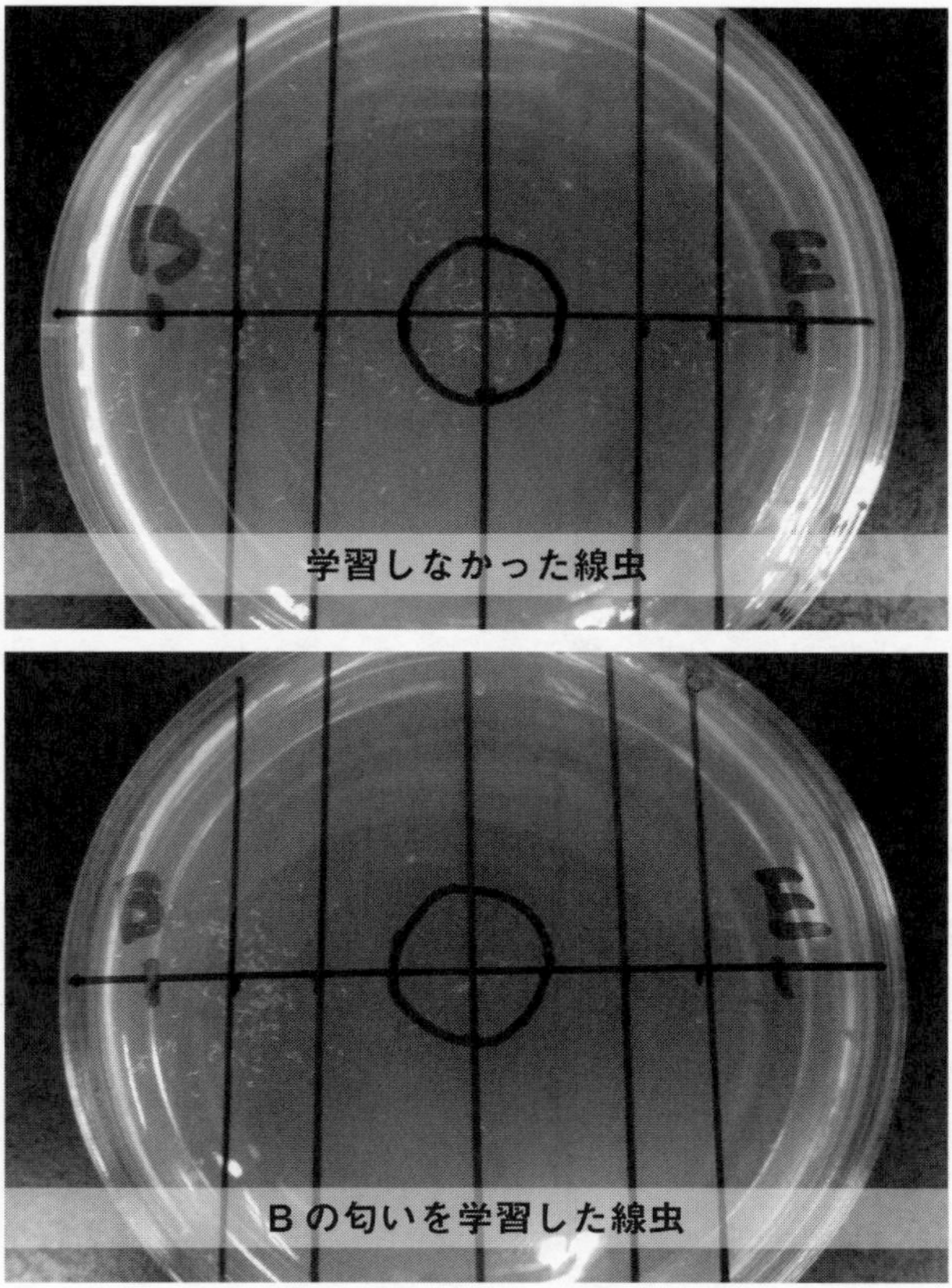

[図 50]　およそ 100 頭の線虫を寒天培地の真ん中に移したのち、1 時間後に撮影。学習しなければ、左側の「B」と右側の「E」へとランダムに移動するが（上）、「B」の匂いに集まるよう学習させると、匂いのある「B」へと集まってくる（下）

す。ここまでくると、マウスは痛みを感じるから実験に使うのはかわいそうだ、線虫なら大丈夫ではないか、といった判断基準は何だかおかしな気がします。線虫に失礼ではないかという思いを抱かずにはいられません。

パーキンソン病と線虫

肥満や糖尿病に有効な食材、パーキンソン病やアルツハイマー病を抑える薬、若さをキープする物質……、これらは線虫を使って「探索」することが可能です。

国連経済社会局の予測では、二〇五〇年には世界人口が九七億人に到達するであろうと言われています。貧困からの脱却、衛生環境の改善、医療の充実を目指した国際支援が少しずつ功を奏し、乳幼児の死亡率が格段に低下したことが人口増加に大きく貢献していることは第七章で紹介しました。しかし、日本を含めたアジアの先進国では少子化・高齢化が進む一方であり、生産人口が減少するなか、ロボットやＡＩ（人工知能）などのテクノロジーで生産効率を上げて人手不足をカバーしていこうとしています。

二〇二一年の一八歳人口は、日本国内で約一一四万人（そのうちおよそ六〇パーセントが大学に進学）、そしてその年に生まれた赤ちゃんは約八一万人でした。この赤ちゃんたちが一八年後の大学入学年齢になるとき、大学進学率が変わらなければ今と比べておよそ三〇パーセントも入学者が減るということになり、大学経営に深刻な影響を及ぼすことになる……これは教授会で毎年話題になる統計です。

外国とりわけ東南アジアの国々から日本にたくさんのひとを呼び、先進技術を習得する技能実習と称して、日本の若者たちがあまりやりたがらない仕事を押し付けていることが多いようですが、このシステムは課題が多くて持続的ではありません。厚生労働省に届け出のある外国人労働者数を見ると、二〇一一年のおよそ六九万人から二〇一九年はおよそ一六六万人と、新型コロナウイルスによるパンデミックの前までは毎年約一二万人ずつ増加していました。感染症の水際対策として厳しい入国制限がかけられていた二〇二〇年から二〇二二年を境に、国際関係のもつれと世界の分断が際立ったなかで、日本が諸外国のひとたちと今まで通りやっていけるのかどうか心配です。

生産性を維持しながら、医療・介護などの福祉システムを十分機能させ、子供からお年寄りまで、そして世界中のひとたちと一緒に、明るい未来を語れる社会を目指さなければなりません。

肥満や糖尿病、パーキンソン病やアルツハイマー病などは、ヒトの老化に伴い発症率が上昇する疾患です。患者自身も大変で、そして患者を支える家族や社会にも無理なく頑張ってもらえる支援体制が必要です。疾患に罹らないよう、進行を少しでも遅らせるよう、できうる限り長く元気に過ごせることが理想です。

パーキンソン病の患者は国内でおよそ一七万人、六〇歳以上では一〇〇人に約一人が発症すると言われています。WHOの報告では、世界で八五〇万人が苦しんでいて、年々増加傾向にあります。中脳《ちゅうのう》黒質《こくしつ》緻密部《ちみつぶ》のドーパミン神経が変性して機能を失っていくことが原因であるとされ、手が震えたり歩行しにくくなったりと運動障害を引き起こします。各感覚の低下、学習や意欲の低下、そしてうつや認知症といったメンタルにも症状をきたします。

ドーパミン神経は、神経伝達物質の一つであるドーパミンを放出し、この物質が体内の生理機能を誘発するメッセージとなります。そしてこの放出機能が低下することで、正しいタイミングで生理機能を誘発することができなくなり、上記不具合が生じてしまいます。機能を失ってしまったり、壊れてしまったりした器官や細胞を元気な状態に戻す方法として、再生医療に大きな期待が寄せられます。

ドーパミンはマウス、昆虫、そして線虫でも体内で作られ、さまざまな行動を制御していることがわかっています。エレガンス雌雄同体がもっている三〇二個の神経細胞のうち、頭部に六個、尾部《びぶ》に二個の計八個のドーパミン神経があります［図51］。その細胞では、アミノ酸の一種であるチロシンを材料に、各種酵素による化学反応でドーパミンが作

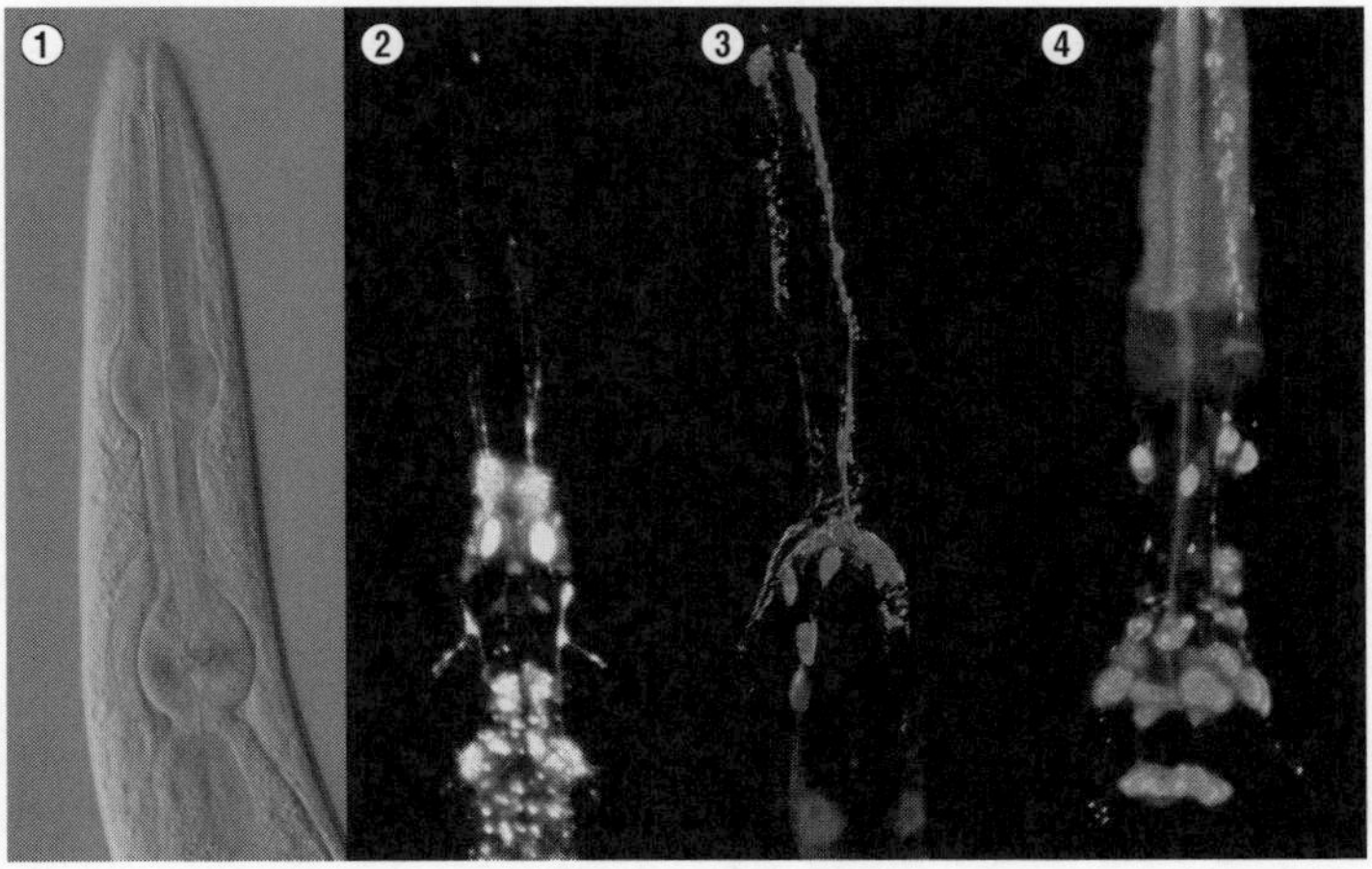

[図 51] エレガンスの頭部神経系。①頭部の微分干渉顕微鏡像、②ドーパミンニューロン、③アンフィドニューロン、④頭部神経を保護するグルタチオン転移酵素（GST）。GST はたくさんの神経に加え、咽頭筋でも発現が見られる

られています。

ドーパミンが必要なくなれば、それを分解して除去あるいは再利用される化学反応もまた各種酵素によって進められます。ドーパミンを生合成そして生分解する反応を促す酵素は、タンパク質でできているので、それらを作り出す遺伝子が染色体に刻まれていて、それら遺伝子はヒト、マウス、昆虫、そして線虫に共通しています［図52］。パーキンソン病に関連した研究でも、線虫が何か役に立つことがありそうです。

加齢とともにドーパミン神経が変性してしまうことがパーキンソン病の主な原因であって、神経細胞内で作られるアルファ・シヌクレインというタンパク質が異常に蓄積して、細胞の機能を阻害《そがい》すると言われています。アルファ・シヌクレインはタンパク質なので、アルファ・シヌクレイン遺伝子から作られるのですが、本来の機能がよくわかっていません。この遺伝子は線虫のゲノム中には見つかりませんが、「ヒトのアルファ・シヌクレイン遺伝子」を「線虫のドーパミン神経」で作らせる組み換え体線虫を作ることは可能です。

第五章で説明したように、遺伝子は「いつ」「どこで」「どのようなタンパク質」を「どれだけ」作るかが記されている情報の一式です。遺伝子の文字配列の前半と後半に、いつ、どこで、どれだけ、といった発現調整に関する情報が記されていて、「プロモーター

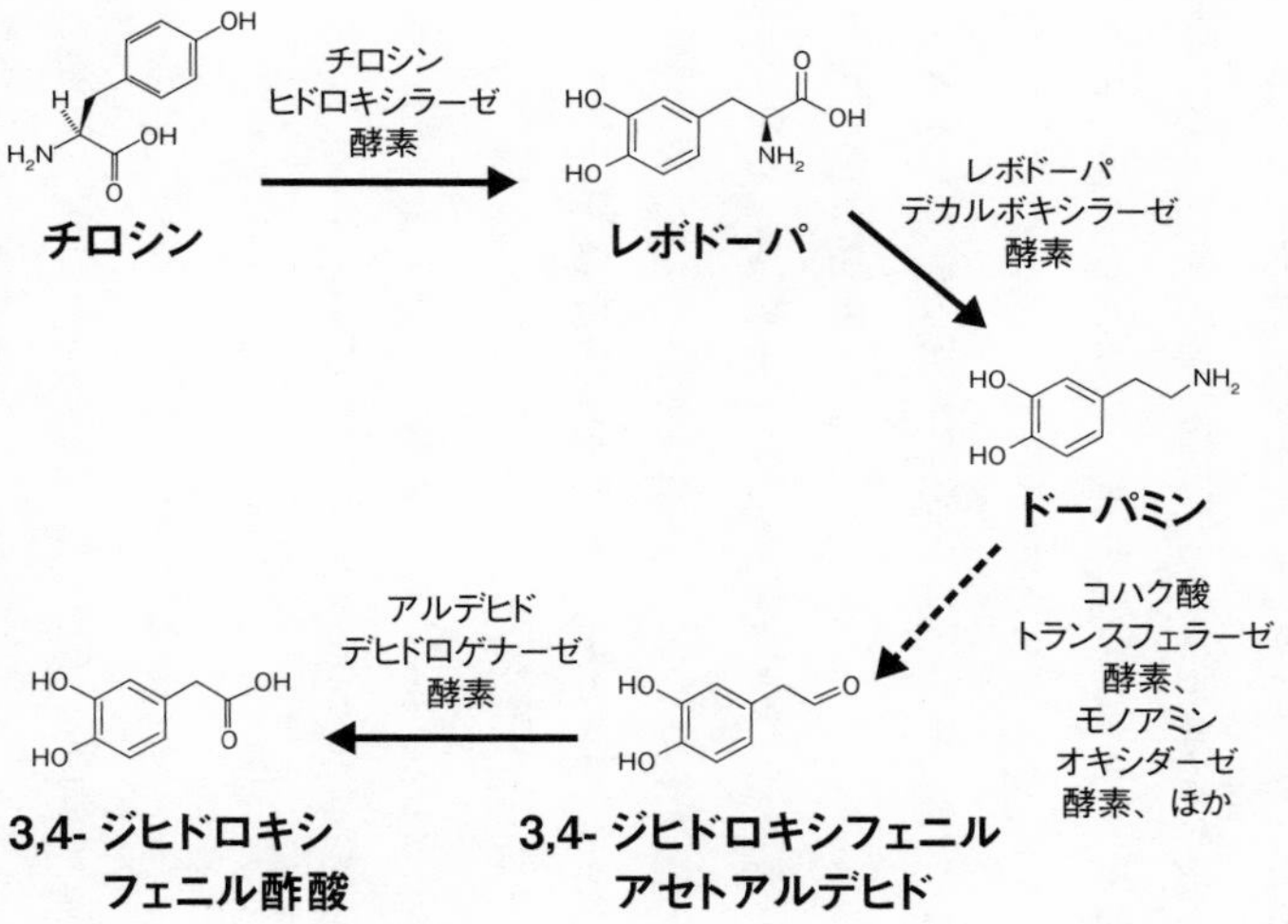

[図 52] アミノ酸の一種チロシンから始まり、ドーパミンができるまでの生合成反応と、使い終わったドーパミンを分解する反応の例。ヒト、マウス、昆虫そして線虫に共通している

配列」と「調節配列」と呼んでいます。そしてプロモーター配列と調節配列に挟まれる真ん中に、どのようなタンパク質であるか（アミノ酸の種類とそれらの組み合わせ方）が記されていて、「コード配列」とも言います。

ヒトの「アルファ・シヌクレイン遺伝子」に線虫のドーパミン神経で発現する遺伝子の「プロモーター配列」と「調節配列」を結合させ、線虫の生殖巣《せいしょくそう》に注入して卵子の染色体内に組み込みます［図53］。組み込んだ遺伝子（が挿入《そうにゅう》された染色体）をヘテロ（二本の相同《そうどう》染色体のうち卵子由来の一本だけ）にもつ個体が次世代に出現し、その個体が自家《じか》受精によってさらに次の世代を産むと、組み込んだ遺伝子（が挿入された染色体）をホモ（二本の相同染色体の両方とも）にもつ個体が四分の一の割合で「自動的に」出てきます。世代時間は三日間なので、遺伝子組み換え操作を行った個体を一世代として、三世代目が出てくるまで一週間もかかりません。

完成した組み換え体《たい》線虫は、パーキンソン病のモデル線虫としてさまざまな実験に使えます。やはりドーパミン神経にアルファ・シヌクレインが異常に蓄積すると、この線虫は老化が進むとともにうまくにょろにょろ運動ができなくなってしまうことが観察できました。この運動障害を指標に、さまざまな化学物質を線虫に与え、その中からこの症状を抑える効果のある物質を探し出すことができれば、病気の進行を抑える薬の開発につなげら

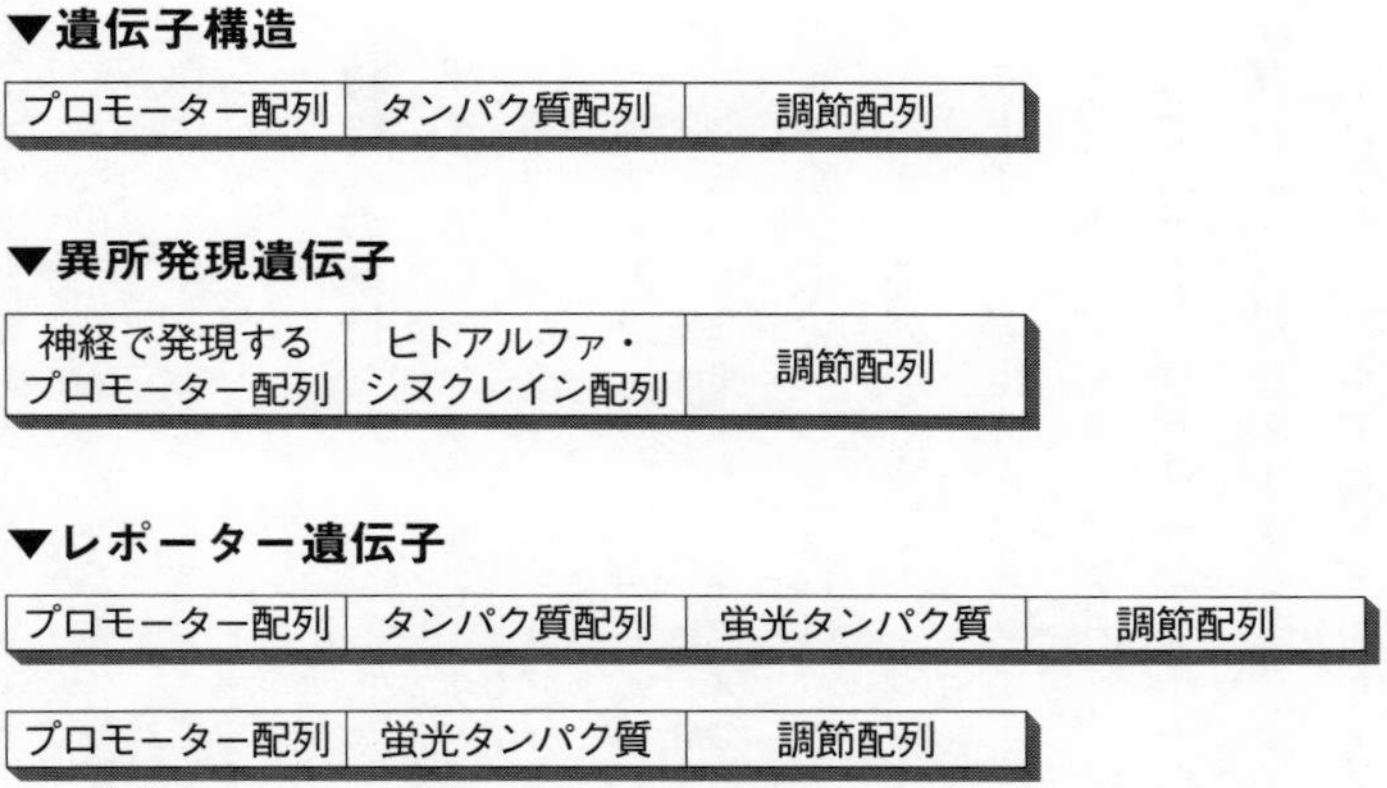

［図 53］遺伝子を自由に組み合わせて線虫に組み込むことができる。遺伝子の文字配列の前半と後半に、いつ、どこで、どれだけ、といった情報が記されていて、これを「プロモーター配列」「調節配列」と呼んでいる

れるかもしれません。

膨大な化学物質の中から薬の候補を探し出す「スクリーニング」の段階において、線虫は強力なツールとなります。

線虫への期待

別の切り口で、もう少し工夫して、スクリーニングスピードを加速させていきましょう。不要となったドーパミンを分解する際に生じる副産物として、「3,4-ジヒドロキシフェニルアセトアルデヒド」があります［図52］。ホルミル基CHOをもつ「アルデヒド」は、いろいろなタンパク質と反応して変性させてしまう「毒物」なので、生体内で作られても速《すみ》やかに分解しなければいけません。アルファ・シヌクレインなど、何らかの毒物がドーパミン神経に蓄積し、この神経が変性してしまうことが神経変性疾患の原因です。アルデヒドが蓄積してしまうのも、問題を引き起こしそうです。

「3,4-ジヒドロキシフェニルアセトアルデヒド」が、アルデヒドデヒドロゲナーゼ酵素によって「3,4-ジヒドロキシフェニル酢酸」へと速やかに分解される必要があります。分解が遅れると有毒なアルデヒドが蓄積し、その組織や細胞を損傷させてしまう原因になってしまいます。アルデヒドデヒドロゲナーゼ酵素の働きが弱かったりすると、つまりアルデヒドデヒドロゲナーゼ酵素遺伝子に変異があったりすると、神経が変性してしまうリスクが高くなります。病気の原因が遺伝子変異であったとすれば、足りない物質を薬や食べ物などで補うか、その遺伝子活性を高めるかが治療法になります。

アルデヒドデヒドロゲナーゼ酵素遺伝子の働きを活性化する食べ物や化学物質が見つかると、こういった弱点をカバーすることができるかもしれません。また、アルデヒドなどの毒物を解毒《げどく》する酵素で、神経細胞で働くものが知られていますが、こういった解毒酵素の活性を高くすることも神経変性を抑える方法です。

神経を保護してくれる酵素が体内で作られたかどうか、たくさん作られたか、少ししか作られていないか、そのまま線虫をじっと見ているだけではわかりません。線虫を集めて、すりつぶして、物質を抽出《ちゅうしゅつ》し、その酵素活性を調べていく実験方法が考えられます。しかし、せっかく線虫を実験動物に選んだのであれば、遺伝子組み換え体を作ってその酵素を調べる方法を考えてみましょう。

神経を保護してくれる「酵素遺伝子」に、「蛍光《けいこう》タンパク質遺伝子」をつなげた人工遺伝子を作成して［図53］、これを線虫に組み込みます。すると、酵素が作り出される際に蛍光タンパク質も同時に作られます。蛍光を発するかどうか、蛍光が強いか弱いか、酵素遺伝子の働きを蛍光強度によって判断できるのです［図54］。赤色、橙色、黄色、緑色……青色まで、多くの色がそろっていて、一度に何種類もの遺伝子を蛍光の色で区別して、生きたまま、線虫体内で一気に調べることができます。

研究対象とする遺伝子の働きを視覚化してくれる遺伝子を「レポーター遺伝子」と呼び、オワンクラゲから緑色蛍光タンパク質遺伝子を発見した下村《しもむら》脩《おさむ》先生（一九二八〜二〇一八年）のことは日本でもよく知られています。

オワンクラゲの緑色蛍光タンパク質遺伝子を、自分が研究したい遺伝子とつなげて、その遺伝子がいつどこでどれだけ作られるかを蛍光で視覚化しようと考え、線虫でその実用性を示したのがマーティン・チャルフィー（一九四七年〜）です。緑色蛍光タンパク質の立体構造を変えて、黄色や赤色をそろえたロジャー・チェン（一九五二〜二〇一六年）とともに、この三名が二〇〇八年にノーベル化学賞を受賞しました。

線虫のスクリーニングで発見された有効な物質の候補は、そのあとマウスや培養細胞を使ってその効果や安全性の検証が何重にも行われることになります。思わぬ副作用のほうが大きくて、結局使い物にならない場合も多々あることでしょう。しかし、膨大な未知物質の中から有効な候補を絞り込む最初のスクリーニングとして威力を発揮してくれます。我々が知らないこと、気づかなかったこと、判断できないことを、線虫が教えてくれるのです。

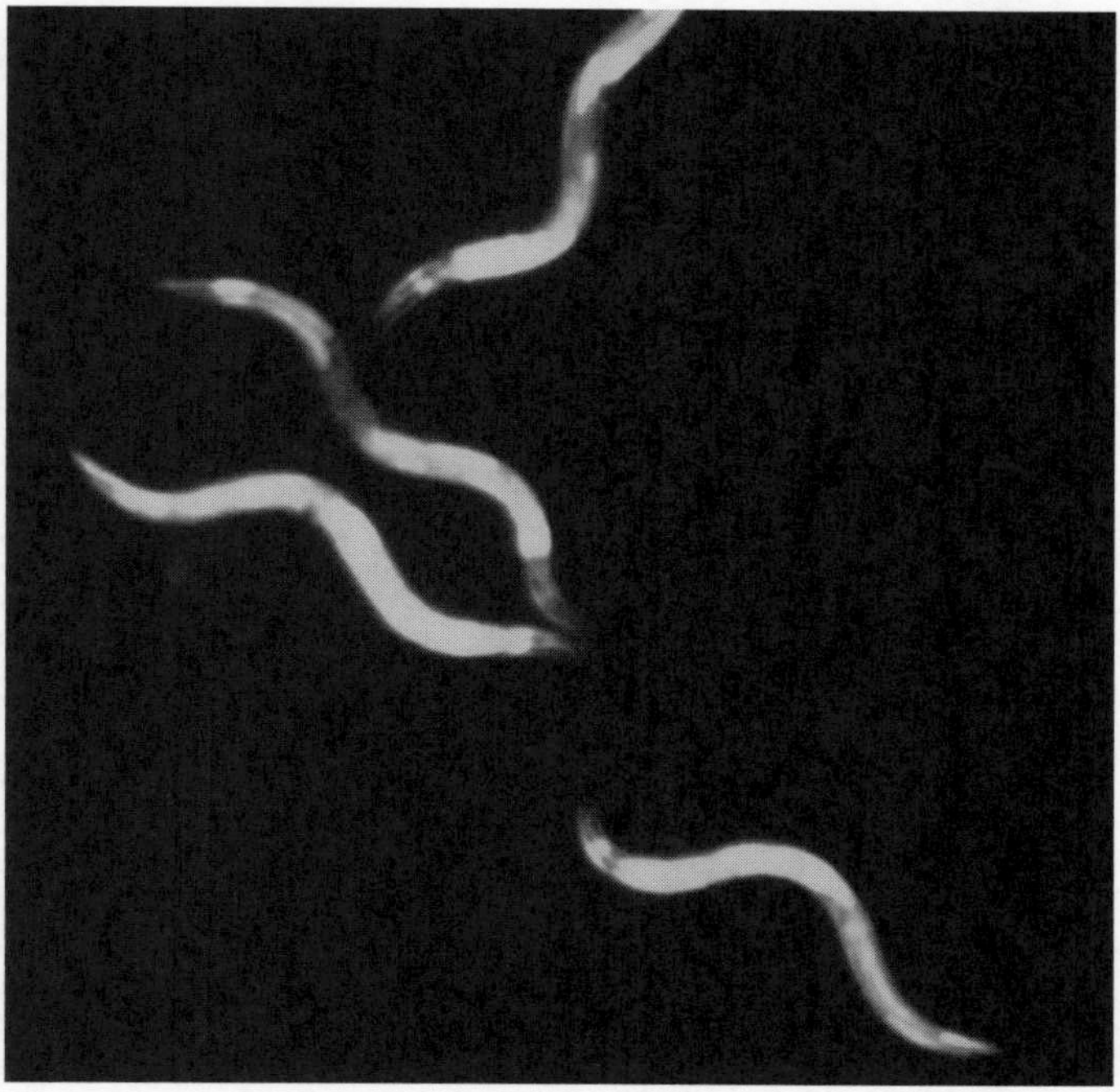

[図 54] 全身で蛍光を発する線虫。活性化しようとする遺伝子に蛍光タンパク質遺伝子をつなげ、線虫に組み込んだ遺伝子組み換え体を作成する。いろいろな化学物質の中から、線虫が蛍光を発するものを探し出せれば、第一候補として次の実験に進めることができるかもしれない

あとがき

二〇二二年の夏は三か月間をフロリダで過ごしました。この三か月の間、円安と物価高に衝撃を受けながらも、研究に専念できる贅沢《ぜいたく》な時間を過ごすことができました。この本の大部分はこの時期に書き上げました。

世界中に蔓延《まんえん》してしまった新型コロナウイルス感染症に翻弄《ほんろう》され、どの国でも、またどの業界でも、多くのひとたちが困難を強《し》いられていることかと思われます。大学でも、とにかく必死で対応しながら過ぎ去った二年間について、さまざまなエピソードを思い返すと本が一冊書けそうです。

本書のあとがきとして、海外との往来制限が厳格であった間の私たちの大学の様子を少し紹介したいと思います。日本を目指す多くの留学生が自国で待機を余儀なくされ、また在学中に海外留学を計画していた日本の大学生たちも断念せざるを得ず、「留学をあきらめて就職します」という国内外の学生たちの対応をたくさん見てきました。

二〇二〇年春、日本では緊急事態宣言が発出され一か月間大学にまったく行けない時期があり、本格的なオンライン生活が始まりました。ましてや国境をまたぐ行動は許されず、春に入学を予定していた留学生たちは日本に来ることができなくなってしまいました。入国制限がかけられているけれども、次の学期までには解除されるだろうと、期待して自国で待機する留学生たちのために特別にオンライン入学式を開催しました。オンラインで参加できる講義を受講してもらい、あるいは研究室ゼミなどにも参加してもらい、入国制限が解除されたらすぐに日本に来て勉強が始められるような体制を維持してきました。

一年が経《た》っても感染症蔓延状況の改善が見込めず、入国制限は続いたまま、とうとう何人もの学生たちが本学への留学をあきらめてしまいました。留学予定であった学生たちからは「キャンパスに行って勉強・研究ができなかったのはとても残念です」という思いと、「今までご指導ありがとうございました」という感謝の言葉も届きました。感染症に翻弄された彼らの一年を思うと、今でもとても辛《つら》くなります（二〇二二年秋学期を前に、日本への入国規制が緩和され、ようやく留学生たちが来日できるようになりました）。

二〇二一年の夏は一年遅れで東京オリンピックが開催され、何万人もの関係者が世界二〇五か国から入国していた一方で、国内では感染第五波が猛威を振るい、一般のひとたちに対しては厳しい出入国禁止令が敷かれるという異常な状況でした。そんななか、我が研究室の学生たちの研究をサポートしていただくために、キューバ生態学・系統学研究所から寄生虫学者の招聘《しょうへい》を計画しました。もちろん日本渡航に必要なビザ発給は原則停止されていましたが、「いまこの時期に」日本に招聘することが本人および我が研究室にどれだけ重大か、ちょっとだけ誇張して領事にレターを書いたところ、まもなくしてビザが特例で発給されました。

学生が研究に集中して取り組める期間は、卒業研究の場合は大学四年生時の約一年間、修士研究だとプラス二年間、そして博士研究だとさらにプラス三年間です。学生たちはこの間、昼夜問わず、平日土日祝日問わず、もちうるすべての情熱を研究に投入します。また、野外で季節に応じてライフサイクルを回す生物を対象にしていると、一年に一回のサンプリングシーズンが勝負になります。したがって、一年の損失は学生の研究計画にとても大きな影響を与えてしまいます。招聘研究者自身にとっても、我々の研究室での研究成果が学位（博士号）取得にとても大切でした。

日本は海外渡航時に最も優遇されている国で、旅行などの目的で短期滞在する場合、ビザなしあるいは簡略化された手続きで渡航できる国が最も多いとされています。世界を見渡すと、なかなかそういうわけにはいきません。キューバのひとたちにとって、アメリカやカナダで飛行機を乗り換えるだけでもビザが必要で、しかも申請がとても厄介《やっかい》だと言います。

招聘研究者が日本に来る際、アメリカやカナダを経由する航路は嫌だと、頑《かたく》なに拒否していました。キューバのひとたちでもビザ不要で来られる「アエロフロート」の便を希望して、旅行会社に相談しました。感染症が蔓延する状況で、海外を行き来する旅行者がきわめて少なく、まして日本とキューバとを乗り継ぎながらうまくスケジュールが組める航路がほとんどなく、思いのほか航空券を予約するのに苦労しました。旅行会社の担当者がやっと見つけてくれた航路は「当日になって飛ばなくなる可能性もありますよ」と言われていました。

二〇二一年当時、海外から日本に入国するときは入国前ＰＣＲ検査に加え、入国後二週間の隔離とスマホによる毎日の健康チェック（指定場所でちゃんと隔離生活を送っているかの確認も兼ねて）が厳しく課せられていました。羽田空港から日本に入国するので、東京都内にある隔離専用ホテルを「一四泊」予約し、羽田空港からホテルまでの特別リムジンバスを予約し、また本人はスマホをもっていなかったのでレンタルスマホを予約し、そしてその間必要な現金を渡すための代行サービスを頼み、日本に来る片道だけでも予算が大きく膨れ上がってしまいました。しかも、飛行機が予定通り飛ばなければ、予約していた隔離用ホテルなどもすべてキャンセルしてまた余計な出費がかさんでしまいます。そもそも出発前に感染症に罹《かか》ってしまったら、飛行機にさえ搭乗できません。

あらゆる状況に対する心配が連鎖して膨れ上がり、何でこんな大変なときにわざわざ海外から研究者を招聘するのかと後悔しながら、メンタル的に押しつぶされそうでした。

幸運にも予定していた便はすべて順調に飛び、招聘研究者本人も感染症に罹ることなく、無事に羽田空港に到着しました。東京都内のホテルで二週間の隔離生活を何とか終え、中部国際空港国内線ロビーに迎えに行った際、軽い接触さえも遠慮しながら出迎えるほかのお客さんたちを横目に、男二人が抱き合って喜びあいました。

国内でも厳しい行動制限がかけられていて、加えて自粛の雰囲気も当然強く、自由気ままな異国での生活というわけにはいきません。常時マスクを着用し、感染症に罹らないよう常に注意を払いながら、毎日実験室に来て淡々と研究に勤《いそ》しむ日々が続きました。このシーズンは学生たちと野外調査も実施でき、おかげで仕事は大いにはかどるのですが、帰国時期が近付くにつれ、さらなる困難が待ち受けていました。

二〇二二年二月二十四日、ウクライナのスミィに住む友人から動画が送られてきました。ひとや自動車が往来するスミィの日常風景に、ロシア軍装甲車の隊列が一般道を走る様子が映し出されていました。ウクライナ北東部に位置するスミィの町はロシアとの国境に近く、侵攻初日に軍の侵入に遭《あ》ってしまったようです。その後しばらく友人と連絡が取れなくなってしまいましたが、幸い本人は無事であり、現在ポーランドに一時避難して研究を続けています。

二〇二二年五月下旬に日本出国予定で予約していた招聘研究者の「アエロフロート」帰国便が、ウクライナ侵攻によりなくなってしまいました。最初はあきらめていた航空料金は、何とか航空会社から返金されましたが、感染症の蔓延が続くこの時期に、キューバの方がビザなしで帰国できるルートとフライトが果たして確保できるものなのか、日本に来るとき以上に困難な状況となってしまいました。

アメリカ―カナダ経由で帰国を検討してはどうかと何度も提案してみても、本人は絶対に嫌だと駄々《だだ》をこねるばかりです。日本入国時にお世話になった旅行会社の担当者に、再び困難なお願いをしてしまうことになり、そして招聘研究者をなだめながら帰国便を検討する日々が二か月ほど続きました。何でこんな大変なときにわざわざ海外から研究者を招聘したのかとここでも後悔しながら、そして本人も、何でこんな大変なときにわざわざ日本にやってきたのかと後悔しながら、両者ともにすっかり疲弊してしまいました。

予定よりも数十万円値上がりしてしまいましたが、旅行会社の担当者が苦労してトルコ経由の航路を確保してくれました。日本にやってきたときと同様、「当日になって飛ばなくなる可能性もありますよ」と言われましたし、日本に入国したとき以上に出国時は不確定要素が多く、無事飛行機が飛び立ったときは二人とも完全に憔悴《しょうすい》しきっていました（そして、何とか帰国することができました）。

招聘研究者が帰国してすぐ、今度は私自身がアメリカへ行くことになりました。このような状況ですから、彼が無事帰国するのを確認するまで、自分の準備にまったく手がつけられませんでした。何でこんな大変なときにわざわざアメリカへ行かなければならないのかと、すっかり弱気になってしまいました。十分な準備ができぬまま、二〇二二年六月に入ってすぐアメリカへ発《た》ち、九月上旬にアメリカから帰ってきました。私が行って帰ってくるときも、出国時の国際線搭乗二四時間以内の陰性結果証明、帰国時の日本政府指定のファストトラック登録など、多大な出費と労力と心配がかかってしまう感染症対策が必要でしたが、九月中旬以降はほとんど必要なくなりました。

帰国後、フロリダでの生活の余韻《よいん》に浸《ひた》る間《ま》も許されず、学生たちと過ごす大学での日常生活が始まりました。当時の苦しかったことなどすっかり忘れ、性懲《しょうこ》りもなく、また別の海外研究員招聘準備と、来春（二〇二三年）のオハイオ行き準備を進めています。

感染症の世界的蔓延は、多くのひとたちの人生計画に大きな影響を与えていることでしょう。しかし、彼らも必死で勉強を続け、あるいは研究を続け、そのときのできうる限りのベストな選択で新たな道を拓《ひら》いていることでしょう。この困難な時期を何とか乗り越え、卒業できた学生たちは強くたくましく育っているはずで、世界情勢がますます混沌《こんとん》としてきた今後の社会でも自身の人生を切り拓き、そして日本社会を支えてくれるだろうと期待しています。未来を切り拓いて行こうとする学生に、線虫学をお薦《すす》めします。

さて、一般のひとたちに線虫学を知ってもらうための入り口になればと執筆したものの、本書がその入り口だと認識してもらうところにたどり着くまでに、越え難き険しい崖がそびえ立っていることに気づきました。その崖を取っ払うには、子供たちにも線虫のことを伝えておく必要があります。魚図鑑、きのこ図鑑、昆虫図鑑、爬虫類《はちゅうるい》・両生類《りょうせい》図鑑……図鑑に掲載される生き物と比較して、子供たちの好奇心を掻《か》き立てるビジュアル要素が線虫にないわけではありません。第二章で紹介していますが、電子顕微鏡や微分干渉《びぶんかんしょう》顕微鏡で撮影すれば、線虫はビジュアル的にも個性があって魅力的です。魅力的な姿に加え、生息場所や生態をセットにして紹介すれば、きっとだれもが夢中になれる「線虫図鑑」ができるはずです。本書を読み終えた方々も、きっと同意していただけるはずです。

さっそく担当編集者と、線虫に関する次の出版計画を相談することにします。

自由に、思うままの研究そして教育を展開できる場をいつも準備していただける中部大学に感謝申し上げます。

線虫の本を出版するにあたり、担当いただきました出版社dZEROの松戸さち子さんと上月晴絵さんには、自由に、思うまま執筆する機会をいただきました。毎回必ず遅れてしまう進捗《しんちょく》報告を、上月さんはいつも寛大に受けとめていただき、そして毎回「ここがとても面白いです」と優しくおだててくださいました。遅れがちで申し訳ないという気持ちから、遅れてしまったことの言い訳とばかりに、あとがきをこのような内容にしてしまいました。重ねて感謝とともにお詫《わ》びを申し上げます。

フロリダ大学のキース・チョウ先生には、我々の共同研究を実施するだけでなく、本書の執筆やさまざまなひとたちと交流する機会を準備してくださり、自由に、思うまま、サイエンスにどっぷり浸れる三か月を送ることができました。

私が研究室を留守にしていた三か月間、博士二年生の長江星八《ながえせいや》君を筆頭に、大学院生たちが普段通り研究をよく頑張ってくれていたおかげで、学部生たちもみんなしっかり卒業研究に取り組んでいたようです。私が大学にいなくても大丈夫なんだとわかり、嬉《うれ》しくもあり、そして寂しくもあります。

日本線虫学会の皆さんをはじめ、多くの方に本書の内容確認や写真の提供をしていただきました（国立研究開発法人農業・食品産業技術総合研究機構の伊藤さん、串田さん、酒井さん、国立研究開発法人森林研究・整備機構の小澤君、京都大学農学研究科の竹内先生、鳥取大学乾燥地研究センターの谷口先生、中部大学応用生物学部の大場先生、宮崎大学医学部の丸山先生、球陽高等学校の川端先生)。やはり線虫学は面白いのだと、新たに意志を強くした所存であります。

最後に、迷惑ばかりかけ続けている妻と二人の娘に、感謝とともにそれ以上のお詫びの気持ちを込めて、本書を締めくくりたいと思います。

二〇二二年一二月

長谷川《はせがわ》浩一《こういち》

本書に登場する線虫（五十音順）

＊イタリックは学名、続くカタカナはその読み方（索引項目が学名カタカナの場合は省略）

Chen, K, S., et al. (2021) Small Molecule Inhibitors of α-Synuclein Oligomers Identified by Targeting Early Dopamine-Mediated Motor Impairment in ***C. elegans***. *Molecular Neurodegeneration* 16, 77. DOI: 10.1186/s13024-021-00497-6

Eliezer, Y., Deshe, N., Hoch, L., Iwanir, S., Pritz, C.O., Zaslaver, A. (2019) A Memory Circuit for Coping with Impending Adversity. *Current Biology* 29, 1573–1583. DOI: 10.1016/j.cub.2019.03.059

Hirotsu, T., Sonoda, H., Uozumi, T., Shinden, Y., Mimori, K., Maehara, Y., Ueda, N., Hamakawa, M. (2015) A Highly Accurate Inclusive Cancer Screening Test Using ***Caenorhabditis elegans*** Scent Detection. *PLOS ONE* 10, e0118699. DOI: 10.1371/journal.pone.0118699

Kauffman, A.L., Ashraf, J.M., Corces-Zimmerman, M.R., Landis, J.N., Murphy, C.T. (2010) Insulin Signaling and Dietary Restriction Differentially Influence the Decline of Learning and Memory with Age. *PLOS Biology* 8, e1000372. DOI: 10.1371/journal.pbio.1000372

Sengupta P, Chou, J.H., Bargmann, C.I. (1996) ***odr-10*** Encodes a Seven Transmembrane Domain Olfactory Receptor Required for Responses to the Odorant Diacetyl. *Cell* 84, 899-909. DOI: 10.1016/s0092-8674(00)81068-5

Troemel, E.R., Kimmel, B.E., Bargmann C.I. (1997) Reprogramming Chemotaxis Responses: Sensory Neurons Define Olfactory Preferences in ***C. elegans***. *Cell* 91, 161–169. DOI: 10.1016/S0092-8674(00)80399-2

Vidal, B., Aghayeva, U., Sun, H., Wang, C., Glenwinkel, L., Bayer, E.A., Hobert, O. (2018) An Atlas of ***Caenorhabditis elegans*** Chemoreceptor Expression. *PLOS Biology* 16, e2004218. DOI: 10.1371/journal.pbio.2004218

WHO Newsroom Topics, Parkinson disease.
https://www.who.int/news-room/fact-sheets/detail/parkinson-disease

厚生労働省「統計情報・白書」.
https://www.mhlw.go.jp/toukei_hakusho/index.html

〈第八章〉
相川拓也（2021）「日本のマツ材線虫病最北端青森県における被害の現況」『日本線虫学会ニュース』No. 83, 1–7.
http://senchug.org/newsPDF/news83.pdf

Futai, K. (2013) Pine Wood Nematode, ***Bursaphelenchus xylophilus***. *Annual Review of Phytopathology* 51, 61–83. DOI: 10.1146/annurev-phyto-081211-172910

Hodda, M. (2022) Phylum Nematoda: a Classification, Catalogue and Index of Valid Genera, with a Census of Valid Species. *Zootaxa* 5114, 1–289. DOI: 10.11646/zootaxa.5114.1.1

The Nobel Prize. The Nobel Prize in Physiology or Medicine 2006.
https://www.nobelprize.org/prizes/medicine/2006/summary/

Palomares-Rius, J.E., Hasegawa, K., Siddique, S., Vicente, C.S.L. (2021) Editorial: Protecting Our Crops - Approaches for Plant Parasitic Nematode Control. *Frontiers in Plant Science* 12, 726057. DOI: 10.3389/fpls.2021.726057

Perry, R. N., Moens, M. eds. (2013) *Plant Nematology*, 2nd Edition. CABI, Oxford, UK.

農林水産省 HP「いも・でん粉に関する資料」.
https://www.maff.go.jp/j/seisan/tokusan/imo/siryou.html

農林水産省 HP「ジャガイモシロシストセンチュウに関する情報」.
https://www.maff.go.jp/j/syouan/syokubo/keneki/k_kokunai/gp/gp.html

〈第九章〉
Altun, Z.F., Hall, D.H. (2011) Nervous System, General Description. In *WormAtlas*, DOI: 10.3908/wormatlas.1.18. Edited for the web by Laura A. Herndon. Last revision: June 19, 2013.

Chase, D.L., Koelle, M.R. (2007) Biogenic Amine Neurotransmitters in ***C. elegans***, *WormBook*, ed. The ***C. elegans*** Research Community, *WormBook*, DOI: 10.1895/wormbook.1.132.1

Infection: Virulence and Immunomodulatory Molecules From Nematode Parasites of Mammals, Insects and Plants. *Frontiers in Microbiology* 11, 577846. DOI: 10.3389/fmicb.2020.577846

Center for Disease Control and Prevention. Parasites-Loiasis. https://www.cdc.gov/parasites/loiasis/

Center for Disease Control and Prevention. Parasites-Lymphatic Filariasis. https://www.cdc.gov/parasites/lymphaticfilariasis/

Center for Disease Control and Prevention. Parasites-Onchocerciasis. https://www.cdc.gov/parasites/onchocerciasis/

Hotterbeekx, A., Perneel, J., Vieri, M.K., Colebunders, R., Kumar-Singh, S. (2021) The Secretome of Filarial Nematodes and its Role in Host-Parasite Interactions and Pathogenicity in Onchocerciasis-Associated Epilepsy. *Frontiers in Cellular and Infection Microbiology* 11, 662766. DOI: 10.3389/fcimb.2021.662766

The Nobel Prize. The Nobel Prize in Physiology or Medicine 2015. https://www.nobelprize.org/prizes/medicine/2015/summary/

Okonkwo, O.N, Hassan, A.O, Alarape, T., Akanbi T., Oderinlo, O., Akinye, A., et al. (2018) Removal of Adult Subconjunctival Loa loa amongst Urban Dwellers in Nigeria. *PLOS Neglected Tropical Diseases* 12, e0006920. DOI: 10.1371/journal.pntd.0006920

Tamarozzi, F., Halliday, A., Gentil, K., Hoerauf, A., Pearlman, E., Taylor, M.J. (2011) Onchocerciasis: the Role of ***Wolbachia*** Bacterial Endosymbionts in Parasite Biology, Disease Pathogenesis, and Treatment. *Clinical Microbiology Reviews* 24, 459–468. DOI: 10.1128/CMR.00057-10

The Seventy-Second Session of the WHO Regional Committee for Africa. https://www.afro.who.int/about-us/governance/sessions/seventy-second-session-who-regional-committee-africa

Whelan, R.A.K., Hartmann, S., Rausch, S. (2012) Nematode Modulation of Inflammatory Bowel Disease. *Protoplasma* 249, 871–886.

Bionomics and Control of Rice white Tip Disease Nematode, ***Aphelenchoides besseyi***. *Plant Protection Bulletin* 40, 277–286.

Yoshida, K., Hasegawa, K., Mochiji, N., Miwa, J. (2009) Early embryogenesis and Anterior-Posterior Axis Formation in the White-Tip Nematode ***Aphelenchoides besseyi***(Nematoda: Aphelenchoididae). *Journal of Nematology* 41, 17–22.

NIH Genome: ***Caenorhabditis elegans***. https://www.ncbi.nlm.nih.gov/genome/?term=txid6239[orgn]

NIH Genome: ***Homo sapiens***. https://www.ncbi.nlm.nih.gov/genome/51

〈第六章〉

Chaston, J.M., Suen, G., Tucker, S.L., Andersen, A.W., Bhasin, A., et al. (2011) The Entomopathogenic Bacterial Endosymbionts ***Xenorhabdus*** and ***Photorhabdus***: Convergent Lifestyles from Divergent Genomes. *PLOS ONE* 6, e27909. DOI: 10.1371/journal.pone.0027909

Ciche, T. (2007) The Biology and Genome of ***Heterorhabditis bacteriophora***, *WormBook*, ed. The ***C. elegans*** Research Community, *WormBook*, DOI: 10.1895/wormbook.1.135.1

Combes, C. (2001) Mutualism. In, Parasitism: The Ecology and Evolution of Intimate Interactions. Combes, C. (ed). The University of Chicago Press, 553–578.

Sajnaga, E., Kazimierczak, W. (2020) Evolution and Taxonomy of Nematode-Associated entomopathogenic Bacteria of the genera ***Xenorhabdus*** and ***Photorhabdus***: an Overview. *Symbiosis* 80, 1–30. DOI: 10.1007/s13199-019-00660-0

Waterfield, N.R., Ciche, T., Clarke, D. (2009) ***Photorhabdus*** and a Host of Hosts. *Annual Review of Microbiology* 63, 557–574. DOI: 10.1146/annurev.micro.091208.073507

〈第七章〉

Bobardt, S.D., Dillman, A.R., Nair, M.G. (2020) The Two Faces of Nematode

〈第四章〉

Ángeles-Hernández, J.C. et al. (2020) Genera and Species of the Anisakidae Family and Their Geographical Distribution. *Animals* 10, 2374. DOI: 10.3390/ani10122374

Center for Disease Control and Prevention. Parasites-Anisakiasis. https://www.cdc.gov/parasites/anisakiasis/

Ozawa, S., Hasegawa, K. (2018) Broad Infectivity of ***Leidynema appendiculatum*** (Nematoda: Oxyurida: Thelastomatidae) Parasite of the Smokybrown Cockroach ***Periplaneta fuliginosa*** (Blattodea: Blattidae). *Ecology and Evolution* 8, 3908–3918. DOI: 10.1002/ece3.3948

Sulston, J.E., Schierenberg, E., White J.G., Thomson, J.N. (1983) The Embryonic Cell Lineage of the Nematode ***Caenorhabditis elegans***. *Developmental Biology* 100, 64–119.

The Nobel Prize. The Nobel Prize in Physiology or Medicine 2002. https://www.nobelprize.org/prizes/medicine/2002/summary/

WORMATLAS, A Database Featuring Behavioral and Structural Anatomy of ***Caenorhabditis elegans*** and other Nematodes. https://www.wormatlas.org/index.html

〈第五章〉

Harlos, J., Brust, R.A., Galloway, T.D. (1980). Observations on a Nematode Parasite of ***Aedes vexans*** (Diptera: Culicidae) in Manitoba. *Canadian Journal of Zoology* 58, 215–220.

Ludewig A.H., Schroeder F.C. Ascaroside Signaling in ***C. elegans*** (January 18, 2013), *WormBook,* ed. The ***C. elegans*** Research Community, *WormBook*, DOI: 10.1895/wormbook.1.155.1

Shinya, R., Sun, S., Dayi, M., Tsai, I.J., Miyama, A., Chen, A.F., Hasegawa, K., Antoshechkin, I., Kikuchi, T., Sternberg, P.W. (2022) Possible Stochastic Sex Determination in ***Bursaphelenchus*** Nematodes. *Nature Communications* 13, 2574. DOI: 10.1038/s41467-022-30173-2

Tsay, T.T., Cheng, Y.H., Teng, Y.C., Lee, M.D., Wu, W.S., Lin, Y.Y. (1998)

Conflicts and Congruences with Morphology, 18SrRNA, and Mitogenomes. *Frontiers in Ecology and Evolution* 9, 769565. DOI: 10.3389/fevo.2021.769565

Bellec, L., Cambon-Bonavita, M-A., Cueff-Gauchard, V., Durand, L., Gayet, N., Zeppilli, D. (2018) A Nematode of the Mid-Atlantic Ridge Hydrothermal Vents Harbors a Possible Symbiotic Relationship. *Frontiers in Microbiology* 9, 2246. DOI: 10.3389/fmicb.2018.02246

Blaxter, M., Koutsovoulos, G. (2015) The Evolution of Parasitism in Nematoda. *Parasitology* 142, S26–39. DOI: 10.1017/S0031182014000791

Hodda, M. (2022) Phylum Nematoda: a Classification, Catalogue and Index of Valid Genera, with a Census of Valid Species. *Zootaxa* 5114, 1–289. DOI: 10.11646/zootaxa.5114.1.1

IUCN (2022) The IUCN Red List of Threatened Species. Version 2021-3. https://www.iucnredlist.org. ISSN 2307-8235.

Kakui, K., Fukuchi, J., Shimada, D. (2021) First Report of Marine Horsehair Worms (Nematomorpha: Nectonema) Parasitic in Isopod Crustaceans. *Parasitology Research* 120, 2357–2362. DOI: 10.1007/s00436-021-07213-9

Mora, C., Tittensor, D.P., Adl, S., Simpson, A.G.B., Worm, B. (2011) How Many Species are there on Earth and in the Ocean? *PLOS Biology* 9, e1001127. DOI: 10.1371/journal.pbio.1001127

Poinar, G.O., Kerp, H., Hass, H. (2008) ***Palaeonema phyticum*** gen. n., sp. n. (Nematoda: Palaeonematidae fam. n.), a Devonian Nematode Associated with Early Land Plants. *Nematology* 10, 9–14.

Rota-Stabelli, O., Daley, A.C., Pisani, D. (2013) Molecular Timetrees Reveal a Cambrian Colonization of Land and a New Scenario for Ecdysozoan Evolution. *Current Biology* 23, 392–398. DOI: 10.1016/j.cub.2013.01.026

Tamm, S.L. (2019) Defecation by the Ctenophore ***Mnemiopsis leidyi*** Occurs with an Ultradian Rhythm through a Single Transient Anal Pore. *Invertebrate Biology* 138, 3–16. DOI: 10.1111/ivb.12236

参考文献

＊太字イタリックは学名および遺伝子名

〈第一章〉

Blaxter, M., Koutsovoulos, G. (2015) The Evolution of Parasitism in Nematoda. *Parasitology* 142, S26–39. DOI: 10.1017/S0031182014000791

Blaxter, M. (2016) Imagining Sisyphus Happy: DNA Barcoding and the Unnamed Majority. *Philosophical Transactions of the Royal Society of London B*, 371, 20150329. DOI:10.1098/rstb.2015.0329

Capinera, J.L. (2011) Grasshopper Nematode: ***Mermis nigrescens*** Dujardin, 1842. EENY500. IN90000.pdf (ufl.edu).

Hodda, M. (2022) Phylum Nematoda: a Classification, Catalogue and Index of Valid Genera, with a Census of Valid Species. *Zootaxa* 5114, 1–289. DOI: 10.11646/zootaxa.5114.1.1

Huettel, R.N., Golden, A.M. (1991) Nathan Augustus Cobb: The Father of Nematology in the United States. *Annual Review of Phytopathology* 29, 15–27.

Poinar, G. O. (2014) Evolutionary History of Terrestrial Pathogens and Endoparasites as Revealed in Fossils and Subfossils. *Advances in Biology* 2014, 181353. DOI: 10.1155/2014/181353

van den Hoogen, J. et al. (2019) Soil Nematode Abundance and Functional Group Composition at a Global Scale. *Nature* 572, 194–198. DOI: 10.1038/s41586-019-1418-6

WormBase HP: https://wormbase.org

〈第三章〉

日本動物学会（2018）『動物学の百科事典』丸善出版.

Ahmed, M., Roberts, N.G., Adediran, F., Smythe, A.B., Kocot, K.M., Holovachov, O. (2022) Phylogenomic Analysis of the Phylum Nematoda:

[カバー写真]
線虫「チュウブダイガク」。中部大学長谷川浩一研究室が発見した新種

[本文写真提供]
大場裕一（中部大学応用生物学部）
川端俊一（球陽高等学校）
串田篤彦（北海道農業研究センター）
谷口武士（鳥取大学乾燥地研究センター）
中部大学長谷川浩一研究室

［著者略歴］
生物学者、中部大学教授、博士（農学）。1978 年、三重県に生まれ、兵庫県、鹿児島などで育つ。京都大学大学院農学研究科博士後期課程修了。専門分野は応用昆虫学、線虫学、遺伝学で、寄生・共生といった生物間の相互関係に関する研究や動物の環境適応性に関する研究を主なテーマとしている。主宰する研究室では線虫を培養し、その宿主であるゴキブリも 10 種類以上、数千匹飼っている。「線虫はすべての道に通ずる」という信念のもと、生物の根幹を知ることに力を注いでいる。2020 年には、中部大学の裏山に生息するゴキブリの腸内から新種の線虫が見つかり「チュウブダイガク」と命名し、注目された。

線虫《せんちゅう》　1ミリの生命《せいめい》ドラマ

著者　長谷川浩一《はせがわこういち》

2023年 2 月10日　第1刷発行

装丁　鈴木成一デザイン室
カバー写真　中部大学長谷川浩一研究室
発行者　松戸さち子
発行所　株式会社dZERO
https://dze.ro/
千葉県千葉市若葉区都賀1-2-5-301 〒264-0025
TEL: 043-376-7396 FAX: 043-231-7067
Email: info@dze.ro

本文DTP＋本文図　株式会社トライ
印刷・製本　モリモト印刷株式会社

落丁本・乱丁本は購入書店を明記の上、小社までお送りください。
送料は小社負担にてお取り替えいたします。
価格はカバーに表示しています。
978-4-907623-58-6

dZEROの好評既刊

細谷 功

具体と抽象

世界が変わって見える知性のしくみ

人間の知性を支える頭脳的活動を「具体」と「抽象」という視点から読み解く。新進気鋭の漫画家による四コマギャグ漫画付き。

本体 1800円

野村亮太

舞台と客席の近接学

ライブを支配する距離の法則

認知科学によって「舞台」と「客席」の意味を再定義し、「客の盛り上がり」と「距離」の関係を検証。オンライン配信も含めた次世代エンターテインメントの創出につなげる一考察。

本体 1800円

山岸明彦

まだ見ぬ地球外生命

分子生物学者がいざなう可能性の世界

系外惑星で生命が誕生している可能性は？　その生命はどんな進化を遂げる？　ところで、地球人類の未来は？　SFファンの分子生物学者と楽しむ生命の起源と進化をめぐる思考実験。

本体 2300円

定価は本体価格です。消費税が別途加算されます。本体価格は変更することがあります。